Paideia

精神分析先锋译丛

思想剧场

Une introduction

à la science psychanalytique

Jean-Gérard Bursztein

［法］让-热拉尔·比尔斯坦　著

罗正杰　译

杨春强　校

精神分析科学

（第2版）

上海人民出版社

目 录

总序：翻译之为精神分析家的任务

无意识只能通过语言的纽结来翻译。

——雅克·拉康

自弗洛伊德发现无意识以来，精神分析思想的传播及其文献的翻译在历史上就是紧密交织的。事实上，早在20世纪初弗洛伊德携其弟子荣格访美期间，或许是不满于布里尔（美国第一位精神分析家）对其文本的"背叛"——主要是因为布里尔的英语译本为了"讨好"美国读者而大量删减并篡改了弗洛伊德原文中涉及"无意识运作"（即凝缩与移置）的那些德语文字游戏——弗洛伊德就曾亲自将他在克拉克大学的讲座文稿《精神分析五讲》从德语译成了英语，从而正式宣告了精神分析话语作为"瘟疫"的到来。后来，经由拉康的进一步渲染和"杜撰"，这一文化性事件更是早已作为"精神分析的起源与发展"的构成性"神话"而深深铭刻在精神分析运动的历史之中。时至今日，这场精神分析的"瘟疫"无疑也在当代世界的"文明及其不满"

上构成了我们精神生活中不可或缺的一部分，借用法国新锐社会学家爱娃·伊洛兹的概念来说，精神分析的话语在很大程度上已然塑造并结构了后现代社会乃至超现代主体的"情感叙事风格"。

然而，我们在这里也不应遗忘精神分析本身所不幸罹难的一个根本的"创伤性事件"，也就是随着欧陆精神分析共同体因其"犹太性"而在第二次世界大战期间遭到德国纳粹的迫害，大量德语精神分析书籍惨遭焚毁，大批犹太分析家纷纷流亡英美，就连此前毅然坚守故土的弗洛伊德本人也在纳粹占领奥地利前夕被迫离开了自己毕生工作和生活的维也纳，并在"玛丽公主"的外交斡旋下从巴黎辗转流亡至伦敦，仅仅度过了其余生的最后一年便客死他乡。伴随这场"精神分析大流散"的灾难，连同弗洛伊德作为其"创始人"的陨落，精神分析的话语也无奈丧失了它诞生于其中的"母语"，不得不转而主要以英语来流通。因此，在精神分析从德语向英语（乃至其他外语）的"转移"中，也就必然牵出了"翻译"的问题。在这个意义上，我们甚至可以说，精神分析话语的"逃亡"恰恰是通过其翻译才得以实现了其"幸存"。不过，在从"快乐"的德语转向"现实"的英语的翻译转换中——前者是精神分析遵循其"快乐原则"的"原初过程"的语言，而后者则是遵循其"现实原则"的"次级过程"的语言——弗洛伊德的德语也不可避免地变成了精神分析遭到驱逐的"失乐园"，而英语则在分析家们不得不"适应现实"的异化中成为精神分析的"官方语言"，以至于我们现在参照的基本是弗洛伊德全集的英语《标准版》，而弗洛伊德的德语原文则几乎变成了那个遭到压抑而难以触及的"创伤性原物"，作为弗洛伊德的幽灵和实在界的残余而不断坚持返回精神分析文本的"翻译"之中。

由于精神分析瘟疫的传播是通过"翻译"来实现的，这必然会牵出翻译本身所固有的"忠实"或"背叛"的伦理性问题，由此便产生了"正统"和"异端"的结构性分裂。与之相应的结果也导致精神分析在英美世界中的发展转向了更多强调"母亲"的角色（抱持和涵容）而非"父亲"的作用（禁止和阉割），更多强调"自我"的功能而非"无意识"的机制。纵观精神分析的历史演变，在弗洛伊德逝世之后，无论是英国的"经验主义"传统还是美国的"实用主义"哲学，都使精神分析丧失了弗洛伊德德语原典中浓厚的"浪漫主义"色彩：大致来说，英国客体关系学派把精神分析变成了一种体验再养育的"个人成长"，而美国自我心理学派则使之沦为一种情绪再教育的"社会控制"。正是在这样的历史大背景下，以拉康为代表的法国精神分析思潮可谓是一个异军突起的例外。就此而言，拉康的"回到弗洛伊德"远非只是一句挂羊头卖狗肉的口号，而实际上是基于德语原文（由于缺乏可靠的法语译本）而对弗洛伊德思想的系统性重读和创造性重译。举例来说，拉康将弗洛伊德的箴言"Wo Es war, soll Ich werden"（它之曾在，吾必往之）译作"它所在之处，我必须在那里生成"而非传统上理解的"本我在哪里，自我就应该在哪里"或"自我应该驱逐本我"。在弗洛伊德的基本术语上，拉康将德语"Trieb"（驱力）译作"冲动"（pulsion）而非"本能"，从而使之摆脱了生物学的意涵；将"Verwerfung"（弃绝）译作"除权"（forclusion）而非简单的"拒绝"（rejet），从而将其确立为精神病的机制。另外，他还极具创造性地将"无意识"译作"大他者的话语"，将"凝缩"和"移置"译作"隐喻"和"换喻"，将"表象代表"译作"能指"，将"俄狄浦斯"译作"父性隐喻"，将"阉割"译作"父名"，将"创伤"译作"洞伤"，将"力比多"译作"享乐"……凡此种种，不胜枚举。拉康曾说："倘若没有翻译过弗洛伊德，便不能说真正读懂了弗洛伊德。"相较于英美流派主要将精神分析局限于心理治疗的狭窄范围而言，拉康派精神分析则无可非议地将弗洛伊德思想推向了社会思想文化领域的方方面面。据此，我们便可以说，正是通过拉康的重译，弗洛伊德思想的"生命之花"才最终在其法语的"父版倒错"（père-version）中得到了最繁盛的绽放。

回到精神分析本身来说，我甚至想要在此提出，翻译在很大程度上构成了精神分析理论与实践的"一般方法论"：首先，就其理论而言，弗洛伊德早在1896年写给弗利斯的名篇《第52封信》中就已经谈到了"翻译"作为从"无意识过程"过渡至"前意识−意识过程"的系统转换，这一论点也在其1900年的《释梦》第7章的"心理地形学模型"里得到了更进一步的阐发，而在其1915年《论无意识》的元心理学文章中，"翻译"的概念更是成为从视觉性的"物表象"（Sachvorstellung）过渡至听觉性的"词表象"（Wortvorstellung）的转化模型，因而我们可以说，"精神装置"就是将冲动层面上的"能量"转化为语言层面上的"意义"的一部"翻译机器"；其次，就其实践而言，精神分析临床赖以工作的"转移"现象也包含了从一个场域移至另一场域的"翻译"维度——这里值得注意的是，弗洛伊德使用的"Übertragung"一词在德语中兼有"转移"和"翻译"的双重意味——而精神分析家所操作的"解释"便涉及对此种转移的"翻译"。从拉康的视角来看，分析性的"解释"无非就是通过语言的纽结而对无意识的"翻译"。因而，在精神分析的语境下，"翻译"几乎就是"解释"的同义词，两者在很大程度上共同构成了精神分析家必须承担起来的责任和义务。

说翻译是精神分析家的"任务"，这无疑也是在回应瓦尔特·本雅明写于100年前的《译者的任务》一文。在这篇充满弥赛亚式论调的著名"译论"中，本雅明指出，"译者的任务便是要在译作的语言中创出原作的回声"，借由不同语言之间的转换来"催熟纯粹语言的种子"。在本雅明看来，每一门"自然语言"皆在其自身中携带着超越"经验语言"之外的"纯粹语言"，更确切地说，这种纯粹语言是在"巴别塔之前"的语言，即大他者所言说的语言，而在"巴别塔之后"——套用美国翻译理论家乔治·斯坦纳的名著标题来说——翻译的行动便在于努力完成对于永恒失落的纯粹语言的"哀悼工作"，从而使译作成为原作的"转世再生"。如此一来，悲剧的译者才能在保罗·利柯所谓的"语言的好客性"中寻得幸福。与译者的任务相似，分析家的任务也是要在分析者的话语文本中听出纯粹能指的异声，借由解释的刀口来切出那个击中实在界的"不可译之脐"，拉康将此种旨在聆听无意识回响和共鸣的努力称作精神分析家的"诗性努力"，对分析家而言，这种诗性努力就在于将语言强行逼成"大他者的位点"，对译者而言，则是迫使语言的大他者成为"译（异）者的庇护所"。

继本雅明之后，法国翻译理论家安托瓦纳·贝尔曼在其《翻译宣言》中更是大声疾呼一门"翻译的精神分析学"。他在翻译的伦理学上定位了"译者的欲望"，正是此种欲望的伦理构成了译者的行动本身。我们不难看出，"译者的欲望"这一措辞明显也是在影射拉康在精神分析的伦理学上所谓的"分析家的欲望"，即旨在获得"绝对差异"的欲望。与本雅明一样，在贝尔曼看来，翻译的伦理学目标并非旨在传递信息或言语复述："翻译在本质上是开放、是对话、是杂交、是对中心的偏移"，而那些没有将语言本身的"异质性"翻译出来的译作都是劣质的翻译。因此，如果搁山"翻译即背叛"（traduttore-traditore）的老生常谈，那么与其说译者在伦理上总是会陷入"忠实"或"背叛"的两难困境，不如说总是会有一股"翻译冲动"将译者驱向以激进的方式把"母语"变得去自然化，用贝尔曼的话说，"对母语的憎恨是翻译冲动的推进器"，所谓"他山之石，可以攻玉"

便是作为主体的译者通过转向作为他者的语言而对其母语的复仇！贝尔曼写道："在心理层面上，译者具有两面性。他需要从两方面着力：强迫自我的语言吞下'异'，并逼迫另一门语言闯入他的母语。"在翻译中，一方面，译者必须考虑到如何将原文语言中的"他异性"纳入译文；另一方面，译者必须考虑到如何让原文语言中受到遮蔽而无法道说的"另一面"在其译文中开显出来，此即贝尔曼所谓的"异者的考验"（l'épreuve de l'étranger）。

就我个人作为"异者"的考验来说，翻译无疑是我为了将精神分析的"训练"与"传递"之间的悖论扭结起来而勉力为之的"症状"，在我自己通过翻译的行动而承担起"跨拉康派精神分析者（家）"（psychanalystant translacanien）的命名上，说它是我的"圣状"也毫不为过。作为症状，翻译精神分析的话语无异于一种"译症"，它承载着"不满足于"国内现有精神分析文本的癔症式欲望，而在传播精神分析的瘟疫上，我也希望此种"译症"可以演变为一场持续发作的"集体译症"，如此才有了与拜德雅图书工作室合作出版这套"精神分析先锋译丛"的想法。

回到精神分析在中国发展的历史来说，20世纪八九十年代的"弗洛伊德热"便得益于我国老一辈学者自改革开放以来对弗洛伊德著作的大规模翻译，而英美精神分析各流派在21世纪头二十年于国内心理咨询界的盛行也是因为相关著作伴随着各种系统培训的成批量引进，但遗憾的是，也许是碍于版权的限制和文本的难度，国内当下的"拉康热"却明显绕开了拉康原作的翻译问题，反而是导读类的"二手拉康"更受读者青睐，故而我们的选书也只好更多偏向于拉康派精神分析领域较为基础和前沿的著作。对我们来说，拉康的原文就如同他笔下的那封"失窃的信"一样，仍然处在一种"悬而未决／有待领取／陷入痛苦"（en souffrance）的状态，但既然"一封信总是会抵达其目的地"，我们就仍然可以对拉康精神分析在中国的"未来"抱以无限的期待，而这可能将是几代精神分析译者共同努力完成的任务。众所周知，弗洛伊德曾将"统治""教育""分析"并称为三种"不可能的职业"，而"翻译"则无疑也是命名此种"不可能性"的第四种职业，尤其是在精神分析的意义上对不可能言说的实在界"享乐"的翻译（从"jouissance"到"joui-sens"再到"j'ouis sens"），根据拉康的三界概念，我们可以说，译者的任务便在于经由象征界的语言而从想象界的"无能"迈向实在界的"不可能"。拉康曾说，解释的目的在于"掀起波澜"（faire des vagues），与之相应，我们也可以说，翻译的目的如果不在于"兴风作浪"的话，至少也在于"推波助澜"，希望这套丛书的出版可以为推动精神分析在中国的发展掀起一些波澜。

当然，翻译作为一项"任务"必然会涉及某种"失败"的维度，正如本雅明所使用的德语"die Aufgabe"一词除了"任务"之意，也隐含着一层"失败"和"认输"的意味，毕竟，诚如贝尔曼所言："翻译的形而上学目标便在于升华翻译冲动的失败，而其伦理学目标则在于超越此种失败的升华。"就此而言，译者必须接受至少两种语言的阉割，才能投身于这场"输者为赢"的游戏。这也意味着译者必须在翻译中承担起"负一"（moins-un）的运作，在译文对原文的回溯性重构中引入"缺失"的维度，而这是通过插入注脚和括号来实现的，因而译文在某种意义上也是对原文的"增补"。每当译者在一些不可译的脐点上磕绊之时，译文便会呈现出原文中所隐藏的某种"真理"。因此，翻译并不只是对精神分析话语的简单搬运，而是精神分析话语本身的生成性实践，它是译者在不同语言的异质性之间实现的"转域化"操作。据此，我们便可以说，每一次翻译在某种程度上都是译者的化身，而译者在这里也是能指的载体，在其最严格的意义上，在其最激情的版本中，精神分析的"文字"（lettre）就是由译者的身体来承载的，它是译者随身携带的"书信"（lettre），因此希望译文中在所难免的"错漏"和"误译"（译者无意识的显现）可以得到广大读者朋友的包容和指正。

延续这个思路，翻译就是在阉割的剧情内来复现母语与父法之间复杂性的操作。真正的翻译都是以其"缺失"的维度而朝向"重译"开放的，它从一开始就服从于语言的不充分性，因而允许重新修订和二次加工便是承担起阉割的翻译。从这个意义上说，翻译总是复多性和复调性的，而非单一性和单义性的，因为"不存在大他者的大他者"且"不存在元语言"，因而也不存在任何"单义性"（意义对意义）的标准化翻译。标准化翻译恰恰取消了语言中固有的歧义性维度，如果精神分析话语只存在一种翻译的版本，那么它就变成了"主人话语"。作为主人话语的当代倒错性变体，"资本主义话语"无疑以其商品化的市场版本为我们时代症状的"绝对意义"提供了一种"推向同质化"的现成翻译：反对大他者的阉割，废除实在界的不可能，无限加速循环的迷瘾，不惜一切代价的享乐。诚如《翻译颂》的作者和《不可译词典》的编者法国哲学家芭芭拉·卡辛所言："翻译之于语言，正如政治之于人类。"因此，在无意识的政治中，如果我们可以说翻译是一种"知道如何处理差异"（savoir-y-faire avec les différences）的"圣状"，那么资本主义的全球化则导致了抹除语言差异的扁平化，它是"对翻译的排除，这与维持差异并沟通差异的姿态截然相反"。因而，在文明及其不满上，如果说弗洛伊德的遗产曾通过翻译而从法西斯主义的磨难中被拯救出来，那么今日精神分析译者的任务便是要让精神分析话语从晚期资本主义对无意识的驱逐中幸存下来！

最后，让我们再引用一句海德格尔的话来作结："正是经由翻译，思想的工作才会被转换至另一种语言的精神之中，从而经历一种不可避免的转化。但这种转化也可能是丰饶多产的，因为它会使问题的基本立场得以在新的光亮下显现出来。"谨在此由衷希望这套译丛的出版可以为阐明 精神分析问题的基本立场"带来些许新的光亮。

李新雨

2024 年夏于南京百家湖畔

代译序

　　1972年2月8日晚，71岁的法国精神分析家雅克·拉康在同一名年轻的数学家瓦莱里·马尔尚（Valérie Marchand）共进晚餐时，问起后者当天的数学课上他们共同的数学老师乔治－特奥杜勒·吉尔博（Georges-Théodule Guilbaud，1912—2008）讲到什么新内容，因为拉康那天有事没有去听课。瓦莱里把自己的笔记给拉康看。拉康看到上面画着一个如同一枚奇怪的戒指的图案，它由三个环构成，相互交叉缠绕在一起。瓦莱里向拉康解释说，这是当天吉尔博先生介绍的波罗米结，一种非常特殊的绳结：只要你剪断其中的任何一个环，整个绳结就会松开。在仔细地聆听她所讲解的波罗米结的数学特性后，拉康突然兴奋地大喊："太好了，就是它了！它就像我手指上的一枚戒指！"当然，瓦莱里并不明白拉康这样兴奋的原因：因为他终于为自己多年来苦苦寻找的"实在、符号、想象"（RSI）三维度之间的关系找到了一个真正意义上的形式化表达。

第二天，在他所举办的第 19 期研讨班"或者更糟……"上，拉康立马向在场的听众介绍了波罗米结。自此，以波罗米结为代表的绳结理论，与之前拉康已经深入研究的、以莫比乌斯带为代表的不定向曲面结构一起，日益成为拉康研究的中心。

1981 年拉康去世后，围绕着其后期的拓扑学研究进路，拉康派精神分析群体中形成了非常多的争论和相互冲突的观点。这是因为拉康虽然开辟了这条道路，但也留下了许多疑点和困难。为此，不少分析家仅仅将其拓扑结构研究视为一种数学工具，如同他在早期对光学图式的运用那样，认为这种运用并不构成精神分析理论的根本性进展。而少数分析家则认为这是拉康带来的最具革命意义的精神分析新范式：这一主体拓扑学，既是对精神分析创始人弗洛伊德提出的研究无意识的三大研究方法之一的"拓比学"方法的继承，更是对他在 19 世纪从科学范式出发所建立的精神分析理论大厦在方法论意义上的全面革新。

具体来说，弗洛伊德的研究是以欧几里得空间—牛顿力学为基础，借鉴达尔文生物进化论思想而形成的。这一方法论集中体现在作为其理论起点的《科学心理学大纲》（1895）中。在该书中，弗洛伊德建立了一个以神经元为物质微粒、以易化通路为运动路线、以量 Q 为能量的精神系统（φ-ψ-ω）动力学。虽然弗洛伊德很快就停止了关于这个大纲的进一步研究，并在此后力图销毁它，但如同其著作的英译本译者詹姆斯·斯特拉奇在序言中所指出的："事实上，《科学心理学大纲》，更确切地说，它无形的幽魂出没于弗洛伊德的全部理论著作中直到最后。"

在弗洛伊德之后，作为结构主义四大代表之一的拉康，首先采用索绪尔的结构主义语言学成果，将弗洛伊德提出的无意识范畴完全置于语言学的框架下，从而厘清了与生物学模糊不清的边界，确立了精神分析学科的独立性。与此同时，他也抛弃了进化论"适者生存"的解释方式，将语言带来的缺失置于其理论建构的中心。随后，在现代数学、逻辑学、哲学等诸多学科的帮助下，拉康于1970—1980年逐步引入了以非欧空间—爱因斯坦相对论范式为基础的主体拓扑空间研究方法，将无意识的研究推进到真正意义上的形式化阶段。

这种形式化，既不是一种对主体及其结构的客体化研究，也不是对精神分析的全面数学化或自然科学化，而是一种对精神分析临床经验及其理论建构的形式化。这使拉康的主体拓扑学从一开始就立基于一个悖论性的立场之上，如同其研究对象或理论所指——无意识——一样。正是这一点构成了对拉康主体拓扑学理解的巨大困难，并造成了诸多误解。

正是从这些困难和误解出发，便有了我们面前这本著作。本书作者让-热拉尔·比尔斯坦是拉康后期拓扑学研究进路的坚定追随者之一。从拉康逝世后的1980年代开始，他就与几名志同道合的分析家一起开始了在这一领域的继续创新。在这几名分析家中，有曾与拉康一起共事过的职业数学家，有专门研究精神结构建构起点的儿科医生。他们以协会或独立分析家的身份密切合作，共同发展拉康命名为主体拓扑学的精神分析形式化进路。在本书中，比尔斯坦正是用主体拓扑学的思路和方法，重新阐述了精神分析的核心概念和理论，对拉康派精神分析的临床实践进行了全面的形式化介绍。

与目前活跃在全国各地的拉康派分析家一样，我也曾长期受教于比尔斯坦。先生自 2008 年开始在成都为我们开设讨论班，之后回到巴黎又专门为我们留学巴黎的中国年轻分析家们开设讨论班。他传递拉康思想，包括主体拓扑理论的欲望非常强烈。在这一欲望的背后，是他毕生研究所得到的一个坚定信念：主体拓扑空间研究代表着精神分析的未来。

最后，非常感谢本书译者、拉康派分析家罗正杰女士，在百忙中抽出时间所作的精准翻译，使这部重要作品得以在中国问世，服务于拉康派精神分析爱好者和专业人士们。

是为序。

杨春强

2024 年 11 月 5 日于北京

敬告读者

本书修改并发展了 2007 年出版的《精神分析科学引论》（*Introduction à la science psychanalytique*，其第 2 版于 2009 年由埃尔曼出版社［Éditions Hermann］出版）一书中所研究的几个要点。

在这个献给精神分析家及中国分析者的新版中，我决定用最高符号权威来替代父亲的名义[1]的范畴。我将把这个最高符号权威命名为说"不"之名，因为它对乱伦说不，即对与全能的原初父亲、全能的原初母亲的融合说不，并将这两者分别称为大写之一父亲和大写之一母亲。

1　此处的原文为 Nom-du-père，有时在一些关于拉康的译文中也有译为"父姓"或"父名"的。——译者注

前　言

我在此只想跟随弗洛伊德的脚步，而并非要开辟新的道路。因为以悖论的方式理解弗洛伊德的理论必须越过一些基点，并重新提出一些概念和依据。用这些概念和依据去阐释真理的核心以及与他早期表述相关的实践。

我们的困难在于：弗洛伊德真理的传递需要不断深入其对象，即无意识，并且去面对那些无意识得以在其中展开的形式化限定。这也曾是雅克·拉康的方法。为了能重新描述这个对象——无意识，并将它整合到一个主体的形式化理论中（包括它的起源、发展及其运作模式），拉康成为弗洛伊德的继承者。因此，我将从他的假设出发，主要从关于无意识的波罗米结构 Σ 的假设出发，以及从莫比乌斯结构的假设出发来介绍这个精神分析的对象。我将以此视角去思考这个理论最核心的那些构成性元素。这个新题目必然带来了介绍精神分析理论的部分意图。此外，精神分析和所有其他科学一样，在 21 世纪正逐渐变得越来越复杂且数学化，这就必须试着建立临时状态，以便从整体的理论视角去把握它，虽然其构造还未完成且还需完善。

我们根据这样一个与主体性空间功能相连的精神分析新认识论而编撰了本版。对于这个主体性空间的功能，我们必须认识到弗洛伊德所有关于"能量数量"和"质块"的参照已不适合，必须采用主体性空间维度的运动学。这便是为什么我要用关联着潜在空间变化的能指变化这一术语，去重新阐释弗洛伊德用运动、动力学和能量所处理的问题。

精神分析不仅依赖于文化和纯文学，还特别依赖于科学内在的形式化发展。因此，如同所有科学那样，对精神分析的介绍变得更加复杂，其每一步发展都要求以一致的方式对这些必要的理论进行重新表述。

基于这一点，我将从精神分析的实践出发，介绍精神分析理论的概念。因此，我将从一个主体的乱伦幻想在失败、绝境、痛苦中所起的作用开始。治疗应当允许分析者制作一个与其乱伦幻想有关的真正构造，以便终止它在现实生活中的投射。那么正是在一系列欲望的幻想能取代这一乱伦幻想时，这些欲望的幻想才使症状得以挪动，也增加了主体对其存在的投注。

我将雅克·拉康最后的假设作为起点，即关于无意识结构的理论假设（R、S、I）（我将这个结构记为 Σ），R 代表实在，S 代表符号，I 代表想象。同时将依赖于无意识结构空间的拓扑学表述（R、S、I），即莫比乌斯带和波罗米结。

引　言

语言问题的哲学意义

为了理解精神分析的智慧，首先必须承认：精神分析制作且考虑了关于语言对人类的重要性这一哲学问题，如同拉康的新词——言在[1]所表示的。根据其无意识像语言那样构成的理论，他从根本上重新阐释了弗洛伊德的无意识假设。的确，通过语言的问题，人们史无前例地（除了在宗教中）看到了，从人类经验到思想经验的一个延伸，并涵盖了无意识的经验。事实上，一个分析者必须认识到，作为主体，他不仅被其无意识的思想所控制，还被超出其意识的自我之外的无意识结构所限定。正是在这个意义上，我将提出在语言和无意识之间的同外延。我们需要意识到，在无意识的条件下，语言如同一个结构，在这个结构中语言有一个最小的属性，就是将结构的这些元素联结起来，这些元素名为能指。

1　精神分析理论完全将无意识的范畴、语言的同外延，与关联于生物学的性欲范畴区分开了。

但在精神分析结构理论中，定义语言的方式与语言学定义语言的方式已被深入地区分开来。[1] 因为只有通过结构的概念，我们才能抛开语言的所有特性，以便理解能指的多样性。这个多样性揭示了一个双重的模式：隐喻模式和换喻模式。正是这个理论使我们可以将弗洛伊德关于无意识的假设重新表述为一种结构理论，以力求展开其所有推论。

从现象学到结构

精神分析理论旨在解释无意识过程发生的原因以及产生方式。这正是为何精神分析不是通过简单描述来进行的，而是通过一个归纳，即从主体性的呈现出发而有的一个归纳。这个呈现，弗洛伊德将其命名为精神现象学[2]，指的是"自我"进行的自观察。在分析者的联想中，这种自观察更类似于一个分析而非描述。事实上，这里所涉及的是思想和话语的经验，它联系于精神分析家的知晓，构成了精神分析的科学经验。这样一种经验将精神分析家的知晓和分析者的真相联结在一起，以其自身的方式，成为一种理论的实践。诚然，精神分析不像物理、医学或与药物使用相关的药理科学那样提供评价标准，因为精神分析的经验内容同时定位在理论中和主体的内部经验中。

---

1 参考 Lacan, « Problèmes cruciaux de la psychanalyse », 1964-1965, *Autres écrits*, Paris, Seuil, 2001。

2 参考 Freud, *Abrégé de psychanalyse*, (1938), Paris, PUF, 1978, chap. IV。

弗洛伊德很早就指出：精神分析的理论假设不是任意的。首先，这些假设从原因和必要性[1]上回应了解释主体现象的需要。因此，他将对症状原因的研究与对结构化无意识的那些地点的研究结合起来。1898—1900 年，弗洛伊德称其为精神器官，并强调这些概念只在解释了充满着冲动力量的无意识冲突时才有价值。他将对无意识冲突的生成及变化的研究命名为动力论，而在今天这种冲突被重新表述为在融合的乱伦幻想的惯性和欲望间对主体的切分。我们还应该记住，对冲动基本概念的参照使弗洛伊德能够在与冲动的不同命运相连的能量变化理论的形式下，以量的术语去研究结构。

我将发展弗洛伊德所谓的（结构所固有的）能量，阐明它为何必须用结构的构成性空间维度的变化、运动学和潜在性的术语来理解[2]，而不再用"起源"和"质块"[3]的概念。随后我将展示这些主体变化[4]的出现，在语言的作用下，是如何激活身体表面[5]的性感带的。

---

1 因此，"原因"和"必要性"不是去寻找一个"最后的原因"，像那些"幼儿性欲理论"那样充满了对原因的寻找。

2 对弗洛伊德而言，能量指示着冲动的运动，而非物理学中的能量。

3 事实上，"质块"概念与伽利略的认识论相连，而现在的精神分析是支撑在爱因斯坦的认识论之上，建立在"空间运动学"之上的。

4 弗洛伊德在《超越快乐原则》（« Au-delà du principe de plaisir », 1920, Paris, Payot, 1991）中明确指出："我们对于精神系统要素中兴奋过程的本质一无所知，也不认为我们能对这一主题做任何假设。我们一直用我们带入每个新公式中的未知数来进行操作。"

5 我们的感受位于源自身体的、以冲动形式向我们展示的东西之中，是拉康在客体（a）——欲望的主体性变化的原因客体——这一概念中所表达的东西。

精神分析教学建立的原则

精神分析的理论不断地被重新表述，从对其研究对象（即无意识）的形式化限定的理解开始。那么我们必须考虑："什么是过时的？什么是当前的？"

将精神分析理论的发展视为无意识的科学便可以回答这个问题。首先，我们可以坚持弗洛伊德在1938年《精神分析纲要》中的这一命名；其次，要提出精神分析的对象是一个结构，弗洛伊德和拉康通过他们的研究工作不断地阐述这个结构。但只有通过无意识结构的莫比乌斯假设和波罗米假设（R、S、I）（1971—1981），这个研究才能用"对象的形式化限定"这一特征来表述。[1] 所以，正是随着对这一科学的对象，即无意识，以及其结构、运作规律的深入研究，这一理论才得以发展。这样一个发展使精神分析家有可能去传授精神分析。事实上，在重新开始传授弗洛伊德和拉康的理论之时，这个传授就决定了什么是过时无效的或是当前的。

精神分析的教学原则依赖于每个精神分析家－研究者所建立的关联，当他将理论的外部元素与涉及乱伦客体的知晓的内部元素关联起来时。最特殊和最私密之间所建立的联系，即每个人的那些 S1 与那些 S2 之间的这样一个联系，使理论得以发展并确保了理论的稳定性和完备性。我用 S1 的概念指示那些被体验到的

1　即一个具有四个构成成分（实在、符号、想象和症状）的结构客体，一个生殖客体，客体（a）和一个可特征化的隐藏空间，以及我将要阐释的，如同希尔伯特的空间。

和被压抑的享乐的早期痕迹，我将这些痕迹称作字母（lettre）。这些关联着 S2 的 S1，即指示着关联于语言的词的那些无意识的知晓。这就是为什么加一－主体的概念只能涉及指向每个主体内部的一个操作。从这个角度来看，"加一"不是别的，就是再进一步、教学的一个潜在来源，与其他相近又不同。作为一个在联想网络中流通的名词，作为对精神分析家的培养予以担保的假设的名词，仅此还是不够的。因为，这不是关于保障的社会学问题，而是精神分析所提出的：科学的可靠性问题。若是将弗洛伊德和拉康的研究作为权威来引用，那么我们就将他们的著作变成了一种宗教。

所以，精神分析理论所涉及的不是传递的问题，而是教学的问题。[1]要把精神分析的理论作为对无意识形式化限定的理解这一知识去传授；对精神分析家而言，要把它作为能允许呈现部分真理这样的知识去传授，能允许每个分析家去批评幼儿性欲理论，因为这些幼儿理论在不断重现。这样的话，我们才能避免将学到的理论要素作为遵从的教条来重复传递。

在精神分析的历史中，医学知识的参照如同一个保障，这源于人们不理解在医学之外精神分析怎样才能成为一门科学。相对于弗洛伊德，拉康所带来的革新已经将精神分析科学性和其问题点放置在语言与拓扑学的同外延的联系中。只有这个同外延允许

---

1 在精神分析的传授中，每个人都在其个人能指的基础上，在考虑到精神分析理论不变性的基础上去展开其理论。不同的是，传递的目的关系到理论，但不考虑把基本陈述从理论陈述的集合中所区分出来的东西，而这些可能是过时的、需要被重新阐释的。

产生连接在精神分析的这些新对象之上的理论表达，我们将这些新对象称为主体的拓扑学对象。正是这样一个建立在对无意识结构的参照之上的精神分析的传授才能够实现。只有这一有效的发展，才能在精神分析的传授中勾勒出当前的东西和过时的东西之间的界限。

1

无意识的乱伦激情和基础幻想

1.1 艾玛个案介绍（弗洛伊德，1895）

弗洛伊德在 1895 年的《科学心理学大纲》中介绍了"艾玛的个案"。[1] 在该书中，他认为无意识思想的功能就如同不断重复去克服原初缺"在"的一种尝试，而这个原初的缺"在"源于与母亲"融合快乐"的丢失。通过对一个部分特征的无意识认同（这个部分特征能唤起对那些早期双亲客体[2]的记忆），主体无意识地制作了幻想，产生了梦和症状。

弗洛伊德对此个案的介绍如下：

1　Freud, *Le Projet de 1895 (φ, ψ, ω)* ou « Esquisse d'une psychologie scientifique » (1895), in *La Naissance de la psychanalyse, op. cit.*, p. 364。在舒尔·马克斯（Schur Max）的研究（*La Mort dans la vie de Freud*, Gallimard, 1975, p. 107-110），以及迪迪埃·安齐厄（Didier Anzieu）的研究（L'Autoanalyse de Freud, Paris, PUF, 1975, 2 tomes）中，我们知道艾玛是艾玛·埃克斯坦（Emma Ekstein），是弗洛伊德的病人。此外，我们还知道艾玛也是依玛，弗洛伊德讲述的关于他"给依玛注射"之梦的著名案例。这一发现具有的重要意义与精神分析的起源有关：为了《科学心理学大纲》的产生，应该要有关于神经症的一个实践、一个理论的综合、一个由弗洛伊德对自己的梦和他病人的梦的解释的连接。

2　弗洛伊德将这个缺失命名为"物"（德语：das Ding）。拉康提出，这个"物"是被知觉为缺失的早期双亲客体的在场。他将这个丢失的享乐概念化为大他者的享乐（JA），因为更严格地说，这个享乐是不存在的。

　　艾玛现在因不能独自进入商店的问题而困扰。她将原因归到重现的她 13 岁那年（青春期刚刚开始不久）的一个记忆：她进入一家商店去买东西，远远看到两个男售货员（她能记起其中之一）放声大笑。于是，她慌张地逃离了商店。从那以后，她就认为这两个男人在嘲笑她的着装，且其中有一个对她有着某种性吸引力。

　　即便联合了这些历史片段，这一线索与该事件产生的影响一样，仍然是难以理解的。如果这两个售货员因为嘲笑她的着装而对她有了不好的印象，那么这个印象应该已被抹去很久了——自从她穿得像个贵妇之后。但不论她是独自去商店还是有人陪同去商店，这都丝毫不能改变她这样的穿着。这里所涉及的不单（像广场恐惧症那样）是一个保护的问题，因为即使一个小孩的陪伴也足以给她安全感，而是存在一个完全独立的因素：她喜欢其中一个男人，而且还有一点，即被陪同也不能改变什么这一事实。这样的话，重现的记忆既不能解释强迫念头，也不能解释症状的决定性因素。

　　接下来的分析唤起了另一个记忆，她说这个记忆在第一个场景发生的时刻没有出现在她的头脑中，并且没有什么可以用来确认。在她 8 岁那年，她曾两次进入一家杂货店去买糖果，而这个杂货店主透过她的裙子去摸她的生殖器。在第一次事件后，她再次去了这家杂货店，然后才不再去了。此后，她便自责第二次的返回，仿佛是想要被再一次侵犯。事实上，现在困扰着她的"糟糕的问题"很可能来自这个事件。

现在，如果我们联系场景二的话（杂货店的场景），就能理解场景一（售货员的场景）。我们只需去发现在这两个场景间的一个联想的联结。病人本人让我注意到这个联结是通过"笑"来完成的。两个售货员的笑使她想起那个杂货店主伴随其抚摸动作的奇怪的笑。现在我们来重构整个过程：这两个售货员在店里笑，而这个笑（无意识地）唤起了对这个杂货店主的记忆。第二个情景与第一个情景有另一个共同点，即小姑娘没有人陪同。她记起了杂货店主所做的抚摸行为，但那时她已进入青春期。这个记忆带来了性能量的一个释放（这在那一事件发生时是不可能有的），并且这个释放变成了焦虑。一个恐惧笼罩了她，她怕这两个售货员会重复对她的侵犯，于是她逃跑了。

在这个摘要中，弗洛伊德认为精神分析的治疗旨在进行创伤场景的构建，以及一个记忆的重构（即杂货店主具有性意味的抚摸）。他力图将创伤设想为是与享乐相连的。通过对此个案的阅读，我们认识到"创伤"不应该被这样理解为一个机械的模式，即把它当作一个性侵犯的真实后果。它更应该被视为产生无意识负罪感的无意识构造。这就是为什么拉康将用幻想的概念来解释这一类型的主体性构造。在对这一个案的分析中，弗洛伊德表示这个小姑娘对此很享乐，但在意识中她并不知道，而这个不知道的知晓产生了罪恶感、焦虑、症状。那么创伤就起到一个因果的作用，因为这个创伤等同于由整个结构 Σ 所引发的幻想的实在，如同一个等待着来自外部表象的潜在性。在这里，是售货员的"笑"令艾玛有了性愉悦。这些真实的场景都是偶然条件，它们在主体的特殊行为和多样症状的形式下表达了主体乱伦的基础幻想。对弗洛伊德而言，艾玛的逃跑属于恐惧症的症状。

弗洛伊德继续讨论：

我们并不奇怪，看到一个联想经过一定数量的无意识中介点抵达一个意识的点，正是这样联想得以产生。变成意识的这个元素大概已经激起了最大的兴趣。但在我们的例子中值得注意的不是已渗入意识中的侵犯的事实，而是另一个符号性的元素：衣服。

要到哪里去寻找这个插入的病理过程的原因呢？唯一可能的答案是：它是性释放的结果，意识保存了性释放的痕迹，并且这个痕迹仍与性侵犯的记忆相连。但必须注意一个重要的问题，即在事件发生的时刻，这个释放没有被再连接到这个事件之上。在这个情感记忆被唤起的例子中，事件本身没有被唤起。与此同时，青春期带来的变化给这些被记起的事件一些可能的新的理解。

这一个案给我们展示了癔症性压抑的典型的图表。我们发现一个被压抑的记忆只在事后转换为创伤。与其他个体的进化相比，导致这个状况的原因是青春期的延迟性。[1]

---

1 Freud, *Le Projet de 1895 (φ, ψ, ω) ou « Esquisse d'une psychologie scientifique »* (1895), in *La Naissance de la psychanalyse, op. cit.*, p. 364-366.

这里弗洛伊德使我们隐约看到，这两个场景只能与艾玛在性意义[1]水平上的无知相衔接。被杂货店主抚摸的场景在她8岁时没有引起释放也没有导致兴奋，因为这个场景在这个时候还没有性意味：艾玛能有意识地将它遗忘。后来，在青春期，当遇到两个具有一些与第一个场景相同的因素（他们的笑）[2]的售货员时，第二个场景突然具有了性的含义，并复因决定了艾玛的无意识思想，使她慌乱并推动她选择了逃跑。

弗洛伊德力图思考被我命名为"主体因果律"的问题，他称之为复因决定。今天人们将其特点描述为回溯[3]，而且从拉康开始被表述为乱伦的基础幻想。

重新阅读这个文本，我们理解了拉康派关于无意识主体的这一命名，通过主体的无意识有助于阐明无意识的概念。无意识主体，S[4]，不是别的而是结构变化的结构，是结构在能指（S1 → S2）的网络与冲动推力的客体（a）之间被切分。然而，主体的切分并非仅由能指网络与极限点，即客体（a）之间的差异构成，同时也是能指间关系所固有的。潜在变化中的能指，与孩子没有从母亲那里接收到的携带意指的能指有关。这个"未理解"的能指

1　因果律是一个性心理学，它既不能被归入生物学，也不能被归入认识论。正是这个身体与语言要素的交错产生了不同的享乐模式。因此，精神分析提出了一种泛性论的观点，但不同于爱欲或生殖性欲。

2　由于售货员的笑和淫猥的杂货店主的笑之间的一个共同要素激发了乱伦的父亲形象。

3　这里的"回溯"概念不是控制论的，而是精神分析的。它指的是一个影响的保留，这个影响由产生了另一系列影响的一个过程所产生。

4　精神分析所讨论的主体是在面对缺失时，通过一个不间断的幻想活动而构造了其"非－存在"的主体。而这一不间断的幻想活动是为了掩藏根本性缺失这一真相。

与弗洛伊德命名的母亲漠视的点相连。

主体不断地通过能指（S2）所获得的无意识知晓来赋予早期的那些能指（S1）[1] 以性的意义。在艾玛个案里，在评价的概念下，弗洛伊德思考了——他并没有这样表述——能指间的工作和无意识工作的结果之间的联系。

从那以后，艾玛个案的叙述揭示了第一个近乎乱伦的场景，即这个老杂货店主透过艾玛的裙子去抚摸其性器官的场景，这个关联着早期手淫体验的场景，使被禁止的自淫享乐得以显现。弗洛伊德指出这个场景已经被删除、被压抑了，对艾玛而言，它仅以三个能指元素的形式被保留，即独自、商店、侵犯。所以，侵犯这个能指是最早被禁止的自淫享乐的知晓的持有者。

但为了继续压抑这个场景和这一知晓，必须有另一个能指元素，以无意识认同的一个部分特征[2]的形式，来占据侵犯这个元素的位置。那便是老杂货店主的怪笑。弗洛伊德指出，概括且表征了第一场景的古怪的笑的元素包含了对被禁止的享乐的知晓。因此，它在创伤和幻想的维度再次被激活了。在第二个场景中，艾玛在商店看到售货员的笑，笑这个能指元素返回怪笑的元素中，它代表着艾玛作为主体。艾玛作为无意识主体，因此就变得等同于知晓了被禁止的享乐，这导致了自责和焦虑：艾玛选择了逃避，

1　在围绕一个拓扑制作的研究框架下，弗洛伊德将母 / 子间联系的早期能指痕迹的记忆这一实在维度的特征命名为"原初压抑"，我将其称为（S1）。

2　拉康将这个认同的部分特征命名为"一划"（trait unaire），同时指出这个丢失的融合享乐的"大写之一"可以部分得到补偿。（译按："一划"的含义为"单一特征"，为了更忠实于拉康的创造，也与石涛的理论相呼应，有时被译为"一划"。）

她再不能独自进入商店：症状形成。在无意识结构 Σ 的研究框架下，压抑这个术语指示了创伤能指元素的邻域的改变。侵犯的能指在结构中代表了被禁止的享乐。当艾玛被老杂货店主抚摸时，这个被禁止的享乐将小艾玛吞噬，而她却不知道。因此，压抑并不涉及享乐（因为这是不可能的），而涉及的是在能指链中以及在无意识主体的主体性中那个代表主体的元素。

对这些场景的分析揭示了侵犯这一创伤能指的替代元素——独自、商店这两个能指元素的重要性。在能指链中，侵犯这个能指表达了被禁止的乱伦享乐（艾玛与杂货店主被禁止的乱伦享乐，在她不知道的情况下，成为已失去却仍一直欲望着的享乐的替代）。

与时间连续的逻辑相反，我们必须承认独自、商店这些能指都不是关于被禁止的享乐的原因，而仅仅是启动元素。这就是为什么在一个创伤场景（此创伤场景是对一个被禁止的享乐的知晓的持有者）的事后所产生的东西才将承担这个知晓，并变成主体现实中的创伤性能指元素。因此，对艾玛而言，商店这一元素将成为她的恐惧症的复因决定元素。

弗洛伊德在这里得出了一个新的因果关系类型，即一种回溯性因果关系。[1] 今天我们用基础幻想的概念将其涵盖。因此，*被切分的主体*这一术语就能够概念化这样一个过程。它指出了一个

---

[1]　由于母亲向孩子的语言传递以及主体的相关构建都是采用连续回溯的方式，语言主体的构建才会不断地产生并制作其意义。

被切分的结构，这个结构被切分为持有一系列无意识认同的一极，以及围绕幻想客体而被组织起来的冲动一极。理论的发展表明：只有当主体与"物"的融合是以一种幻想的形式且在自恋性认同层面以防御的形式反对融合时，才会引发神经症，即超出主体承受范围的一个无意识冲突。

1.2 基础幻想的创伤性特征

上述思考迫使我们将主体视作因禁止而被压抑的敌对"物"。但拉开的距离构成了动力[1]的源泉，它迫使主体，即缺失着的存在，以代表他的这些能指元素的形式而存在。因此，这个我们命名为性的东西，其实质是一种缺失的享乐，它与母／子再次融合的不可能性相连。

精神分析中物的概念与负量概念的联系，阐明了物以何种方式产生力及其变化——如同在神经元网络水平上的参照物和在无意识网络水平上冲动的推力。那么让我们假设：无意识系统的惯性构成了主体的自恋。这个自恋构建在丢失客体的像之上，之后

1　借用康德的范畴，我们可以说，就享乐而言，主体的存在是一个负量。的确，从牛顿物理学出发来进行思考的康德不得不同时考虑不可渗透性和引力。他应该已经理解了使这两个术语继续存在的两个真正对立的概念，那么他也已经拥有了否定范畴来思考心理对象的观念（参考 Kant Emmanuel, *Essai pour introduire en philosophie le concept de grandeur négative*, Vrin）。这一点不会被低估。我认为，正是他给了将主体性性欲从生物学性欲中区分出来的可能性。所以，负量的概念允许我们如同康德已经预感到的那样，去考虑心理学的对象，这里便是被无意识切分的主体。此后，作为缺失的享乐的定义将得以被精确地表述为：既是性欲的、性的人的特点，也是这个主体的实在的在（这是弗洛伊德从他 1895 年的《科学心理学大纲》开始，以及在 1916—1917 年的《精神分析引论》中力图制作的概念）。

又作为缺失[1]而起作用，产生一个持久的冲动力，在外部客体中寻找不断引发并激荡着自恋的这个缺失。自恋[2]的复杂性及其展开都如同冲动的力那样，使主体能够投注于能指网，从而使主体能居住在语言中，这就像拉康在《晕厥》[3]一文中所提出的那样。在这篇文章中，冲动被定义为"因为一个言说而有的身体的反馈"[4]。一个这样的投注抵消了无意识系统的熵，同时允许这个作为"言在"的特殊生命体的复杂化。

然而，怎样接受主体既是负量的又是性欲的这样一个悖论呢？为了回答这个问题，弗洛伊德提出了一个悖论的实体：作为完全的享乐和与"物"融合的主体，只是以一种对被禁止的乱伦持续渴望的形式存在，它遭到了由语言的能指游戏而导致的父性的禁止，也正是这个语言的能指游戏在其存在中切分了主体。这个完全的也是被禁止的享乐来自能指"大写之一"，如同负的一那样，即如同主体对填补缺失的呼吁。因此，这个负的一是真正的原因，是在整个主体性过程中出现的必然性，它同时产生了一个客体的不断重复，这个客体给了作为原因的"缺失的大写之一"以形式，即客体（a）的形式。从而产生了主体结构的一些变化。这样的变化引起了无意识思维一系列的不间断活动，在这里主体

1　我们必须将这个缺失的概念及其效果的概念理解为冲动的推力，根据拉康在《斯托克斯定律》中的参照。参考 Lacan, *Écrits*, Paris, Seuil, 1966 p. 847。

2　我们将用复数 Z 来为这个稳定性制作索引。它指示着连接于自恋的想象的客体（a）的实在的错综复杂。

3　Lacan, « L'Étourdit », in *Autres écrits*, Paris, Seuil, 2005.

4　参考 Jacques Lacan, « Séance du 10 novembre 1975 », in *Le sinthome*, Paris, Seuil, 2005。

被缩减为一个谓词，代表着物的缺失，正如艾玛的个案所显示的。

我们强调这一事实：我们的存在是在母亲话语压力之下由语言的效力所创造的。事实上，作为传达其照料的在场[1]的母亲的声音[2]并非一个关于起源的形而上学观念。正是语言在婴儿身体上的影响这一最终条件，才让婴儿变成了儿童。因为后者体验到缺失和缺失带来的享乐，而最终能够作为一个"无意识的主体"而存在（ek-sister）。在这个意义上，记忆痕迹、通路[3]，我们此后将其称为 S1，它们是由这个声音的效力所产生的。

早在 1895 年，在《科学心理学大纲》中弗洛伊德就已经明确表示：在能指元素的网络种类之下，主体缺"在"的必然表达采用了一个防御[4]的形式。他补充道，这表现为主体结构的建立，采用了在两个地点间的切分的形式，即意识和无意识两个地点。

因此，在艾玛个案中，对意识而言，商店、独自这两个词都是可接受。但同时，我们知道这个创伤场景的压抑（即与父亲［有关］的手淫幻想）返回到被禁止的、无意识的享乐中。侵犯这个能指是被压抑的，它被移植到能指间的邻域水平上。这样，这个

1　这里引出的在场概念是人类及精神分析的经验概念，它与言说和缺失相关联。

2　痕迹的登录如同在无意识网络中能指的涌现，应当被理解为一个衍生物而不是一个原产物。能指物质依赖于对孩子所讲话语的实在。

3　这个与记忆痕迹同时产生的通路（Bahnung）的概念，我们今天用它来指示一个神经元间的连接。尽管我反对认识论关于记忆痕迹和神经元通路衔接的假设，而更愿意将其构想为神经元网络、精神－认知网络和无意识之间同一又不可通约的特性。参见本书 13.2 节。

4　《精神分析词汇》（Laplanche et Pontalis, *Vocabulaire de la psychanalyse*, Paris, PUF, 1967）中的"防御"词条："整个运作旨在减少、消除任何可能使生物心理学个体的整体性和恒定性发生变化的危险。在这种情况下，自我如同一个机构那样得以构建，以具体化这种恒定性并试图维持这一恒定性。这样，自我便可以被描述为这些运作的关键和代理。"

能指作为知晓被禁止的享乐的持有者（这个被禁止的享乐与表达着"物"的杂货店主建立了性联系），就可以与自我保持距离。

这里，遵循弗洛伊德的思想，我们能够得出无意识是在事后起作用的一种精神性欲。这种精神性欲在幼儿性欲的形式下，体现为起源的负的一[1]。一旦孩子感到父母间性关系的存在，幼儿的性欲便会内化，并被在事后构成基础幻想的能指元素所诱发。这些元素以自淫乱伦的表象形式出现。因此，弗洛伊德将意识的和无意识的切分称为一个结构的存在方式（此后，我们将这个结构称为"主体"），而这种方式必须在一个防御的形式下通过一个内部的切分而被表达。在这个结构中，被禁止的享乐以症状的形式被表达，而此症状则由乱伦幻想诱发。症状定位在结构的第四个维度（σ）[2]，事实上是冲突所带来的不稳定产物，这个冲突在其自恋理想、爱的条件和基础幻想之间切分了主体，这个基础幻想暗含了一个与可悲的依附位置中的自我形象相联系的自淫。

这个切分使症状在外部困扰中的表现始终采取一种妥协的形式，即在伪装的享乐和对审查的遵守之间的一个妥协，以便给自我及其意识提供一个可能性，去压抑无意识欲望的真相。

1　参考 Lacan, « Séminaire du 19 avril 1972 », in *Ou Pire*, 1971-72, inédit："大写之一（Un）从有个'一'缺失的水平上开始。因此，空集准确地说是一扇给予合法性的门，如果我可以这样说的话，就是对这扇门的跨越构建了这个大写之一的生成。"

2　我区分了这一结构的空间维度的三个层次。它们是（R）、（S）、（I）三个空间维度间纽结的形态。

1.3 艾玛个案中的网络（S1 → S2）理论

透过艾玛的案例，结构与症状间的联系得以明确。弗洛伊德指出这一联系源于对被禁止的享乐的内部防御的必然，而这个被禁止的享乐是构成主体结构的基础。

由此，他记录了关于那一场景艾玛对店员的补充："他们取笑我的衣服"以及"我喜欢其中一个店员"，真相作为一种无意识谎言，这里真正的乱伦联结被一个次级元素——"一个店员令我动心"所替代。由此一来，她便有意识地用对店员的好感取代了与老杂货店主相连的享乐。在面对店员的笑时，作为恐惧症症状的逃跑是侵犯重新出现所产生的焦虑，是对被与老杂货店主的乱伦享乐所引诱而感到厌恶。因此，性侵犯元素是一个被隐藏的创伤元素，是症状的产生者。

拉康分析了同一场景。[1] 他指出，弗洛伊德建立了老杂货店主古怪的笑与店员的笑之间的关系，但没有将之展开。在艾玛个案中，弗洛伊德仅仅指出从认同的部分特征开始，存在的评价重现了关于被禁止的享乐的"知晓"：从店员的笑返回老杂货店主古怪的笑。这个特征被称作一划[2]，它是不在场的"物"的谓词，只要此特征在场，就足以表达对被禁止的这个"物"的享乐了。

1　Lacan, *L'Envers de la psychanalyse*, (1969-1970), Paris, Le Seuil, 1991.

2　"一划"这个新造词的概念有助于指出"大写之一"不能像这样作为主体第一个认同的构成元素：包含的现实和融合的忧伤。主体必须同时对峙融合的丢失和整个意义的丢失："一"（unaire）代表了能唤起这个丢失的特征元素。

因此，弗洛伊德用无意识评价理论[1]建立了一个属于系列理论的无意识理论。考虑到结构的拓扑特点，我们可以重新阐释并将这个客体——无意识，命名为结构的理论。正是在能指间关系固有的流动元素的形式下，结构获得了能量——古怪的笑的能指呼唤着老杂货店主的能指，而这个老杂货店主的能指又转到了性侵犯的能指上。

那么，我们可以将无意识的那些元素与由有序能指对（［笑、古怪的笑］—［老杂货店主］）所代表的主体等同起来。在这里，无意识表现为物质元素相互作用的变化。这样的假设使我们能够理解为什么结构只能在能指元素的游戏中被实现，这些能指元素以对子（S1 → S2）的方式起作用，每一次都意味着对客体（a），即对表达着冲动推力的客体[2]的返回。精神分析的基础与能指网络（S1 → S2）的语言结构相连。在这个理论框架下，我们必须将冲动重新定义为"行动的轨迹"，即并非行程，而是一个网络中能指位置变换的显现。因此，我们必须承认，冲动不是别的，只是作为结构的拓扑变化而存在，是边界效应的显现，在想象界中指示着身体[3]或身体的洞[4]，甚至是外在诱惑我们的那些客体。因此，我保留了弗洛伊德关于冲动到器官－力比多这一概念的参照，因为这个器官－力比多是欲望的原因。在弗洛伊德的冲动概念下，

1 　一种简单的三段论逻辑。

2 　参考 Lacan, *Les quatre concepts fondamentaux*, (1964), Paris, Seuil, 1973。

3 　其错误在于相信所涉及的身体是超越想象界的身体。这里涉及的是想象界、实在界，而不涉及作为结构外在性的实在。

4 　身体的这些洞可以被表现为在"8"字形上洞开的一个环形表面。

涉及的正是一个特殊的客体，即客体（a）。指示着能指变化[1]和其不变的总量的这一客体，它来自失去的融合快乐的排空，固着于主体早期的能指群 S1 上。正是这些 S1 构成了缺在的早期标记和记忆痕迹。

通过对艾玛个案的思考，我们理解了，能指是由 S1、S2 这样的有序偶对所构建的一个关系，用元素 S1 和元素 S2 的函数来表达。能指 S2 并不表示一个时间序列而表示能指表象（Vorstellung）功能的承载元素。拉康将德语 Vorstellung Representanz 译为表象代表。

这一细分应被理解为，由名为 S1 的一个能指元素所承载的"表象代表"，其功能既不是表象的，也不具有意义。就是这样一个始终指向自身、没有所指的能指变成了一切可能意义的支撑，这些意义是由假定给大他者的各种"知晓"所带来的，并支撑在能指元素 S2 [2]之上。当 S1 和 S2 之间的联结产生后，这个联结就使作为支撑的主体消失了，只有在被大他者赋予的一个意义所充实之后，主体才会存在。正是 S2 这个能指，通过主体所压抑的那些所指而产生了性的意义，而能指 S1 代表着主体的空无（rien）。

我们因此理解了在这些能指 S1 和 S2 之间的所指链确立了幻想中的主体，即被打的孩子在性意义上的幻想。在此个案的叙述中，艾玛被老杂货店主抚摸了生殖器，而他代表着父亲。

1　关于斯托克斯定律，参考 Lacan, Écrits, Paris, Seuil, 1966 p. 847。

2　Lacan, *idem*, p. 201.

现在我们来研究这个被打的孩子的幻想在享乐形式下是怎样表达出来的：

— 唤起被禁止的手淫享乐：建立在石祖享乐所带来的冲动满足的基础上。

— 受虐狂：建立在手淫的石祖享乐的基础上，唤起更多的享乐。这个享乐在于将自己变成在父母大他者的要求中所异化的客体——这样的享乐被定义为大他者享乐，这个大他者享乐（JA）[1]，在绝对意义上是不存在的。

— 最后，主体赋予了享乐以性的意义。这个享乐向主体展现了一个使他有负罪感的"知晓"，并带来了一个无意识的惩罚需求。弗洛伊德让人们理解，艾玛之所以因被侵犯而有负罪感，是因为她在此享乐。该幻想以此种方式凝结成导致负罪感的无意识"知晓"的核心，并构成了我们此后所命名的主体的基础幻想。

1.4 弗洛伊德冲动概念的拓扑学表达

在 1915 年关于"冲动"的文章中，弗洛伊德提出冲动从根本上不同于"需要"这一概念，并力图在以下四个特征中讨论冲动概念：

---

[1] 大他者享乐将被写为（JA），以便强调它的幻想形式，即神经症所追求的与大他者不可能的融合。拉康提出的（JA）这一书写，既指出了获得整个享乐的不可能性，也指出了大他者的不完备性。

（1）在一个推力的作用下，部分冲动务必表达为由满足（享乐）而产生的一个卸载。

（2）部分冲动被定义为，与表达为性兴奋增值的一个来源相连。

（3）这个冲动的推力在一个恒力的变化中被表达。

（4）最后，这个推力与具有一个恒力的兴奋源相连。它是一个有目标的过程：它瞄准一个无关紧要的客体，使冲动来源产生的兴奋可能返回身体的边缘。

1964 年，拉康在拓扑学的理论框架下重新阐释了弗洛伊德 1915 年的第一条理论，即将外部（客体）与定位在性感带（边缘）的内部建立连续性的拓扑学理论，并构造了蕴藏着享乐地点的如同拓扑表面的身体。同年，拉康在《精神分析的四个基本概念》（*Les quatre concepts fondamentaux de la psychanalyse*）[1] 中提出了一个关于部分冲动的图示，之后他又在《文集》（*Écrits*）[2] 中，给出了这个概念的一个形式化书写，采用斯托克斯定理的变形式：

$$\int \mathbf{dl}. \vec{V} = \iint \mathbf{d\vec{S}}. \text{Rot } \vec{V}。$$

这个定理指出了在一个封闭曲线结构中被表达的一个推力，是如何在身体表面支撑冲动变化的。

1　Lacan, *Les quatre concepts fondamentaux de la psychanalyse*, Seuil, 1973, p. 163.

2　Lacan, « Position de l'inconscient », *Écrits, op.cit*, p. 847.

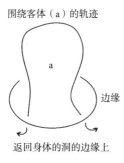

围绕客体（a）的轨迹

a

边缘

返回身体的洞的边缘上

图 1　部分冲动

$$\int \vec{\mathbf{dl}}.\vec{\mathbf{V}} = \iint \vec{\mathbf{dS}}.\operatorname{Rot}\vec{\mathbf{V}}$$

关于拉康的这一拓扑学公式的注释：[1]

$\int$　此处的积分符号指（力比多）变化的总量，它们支撑了身体。

$\vec{\mathrm{dl}}$　这里指的是无穷小的微分，即在两个能指间最小的间距。

$\vec{\mathrm{v}}$　此符号表示生冲动的推力，它始终追求与母亲整个身体已失去的融合。

$\vec{\mathrm{dS}}.$　这里指的是登录在身体的洞的边缘上的一个表面微分。这个微分在能指链的作用下不断移动。这是无意识主体S的位置，它由一个能指所代表，这个能指为它代表着其他所有能指。

1　我在这一点上与分析家米歇尔·坎农（Michèle Canon）采用了不同的表达，但采用的是相近的理论视角。

$\mathrm{Rot}\,\vec{V}$　旋度，作为斯托克斯公式中的一个元素，在这里表示产生着恒定推力（不变的变量）的这些能指变化。这个冲动的恒定推力登录且产生于身体的洞的边缘上，我们的想象将这些边缘视为冲动的来源。

第一个在结构中涉及能指变化的总量 $\int \vec{\mathrm{dl}}.\vec{V}$ 作为冲动的推力，等价于公式的第二部分，即 $\mathrm{d}\vec{\mathrm{S}}.$ 和 $\mathrm{Rot}\,\vec{V}$ 的总和：

$$= \iint \mathrm{d}\vec{\mathrm{S}}.\,\mathrm{Rot}\,\vec{V}$$

2

主体结构在两个地点的不断分化：
意识和无意识

弗洛伊德合并了两个基本理论：第一个是主体性的运作理论，即在意识和无意识这两个地点，思想不停地分化；第二个理论较少涉及无意识的功能而更多讨论无意识的结构。他对这一结构的构想，可以被描述为自我和它我之间的分离。在他的《精神分析新论》[1] 中，弗洛伊德承认自我和它我之间的划分属于构成成分的一个内部分化，并表示无法制作一个关于它们的疆域的精确概念。

正是在弗洛伊德研究的这个点上，拓扑学的假设才具有其意义。事实上，必须认识到无意识结构 Σ 只有不断地投射在 R、S、I 这些维度中，并由此引出由一个客体支撑的幻想时才会存在。这个客体，就是客体（a），它位于结构的不同维度的邻域的点。

1　正因此，我们能回答"主体和他的无意识自我怎么能成为客体"这一问题。参考 Freud, « La décomposition de la personne psychique », *Nouvelles conférences d'introduction à la psychanalyse*, Paris, Gallimard, 1986, p. 82。译按：中文版参见弗洛伊德《精神分析新论》中"心理人格的剖析"一节（车文博主编，《弗洛伊德文集》，长春：长春出版社，2004年，第37页）："这样，自我的这一部分是可以监督另一部分的。所以，自我可被分离；在其一些活动中，至少可暂时分离成不同部分。"

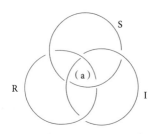

图2 位于 R、S、I 的邻域的客体（a）

因此，这个结构中的主体不断地在想象性认同和符号性认同的次结构与关于客体的一个幻想之间被切分。在神经症那里，这样的切分则以一种冲突的形式出现。事实上，主体受到它在想象性认同和符号性认同之间的切分状态所限制，弗洛伊德将其命名为自我，其部分地是无意识的；而关于客体的幻想被称为它我。由此，我将主体在"自我和它我"[1]之间的这个切分描述为一个拓扑学的切分。这个拓扑学的切分可以表现在波罗米空间中，即在客体（a）的次空间（我将其等同于它我）与 R、S、I 三个一致性空间（这三个一致性构成了自我）之间的一个切分。

这个切分的结果体现在意识话语的妥协中。

因此，根据其自恋[2]的状态，即无意识自我所固有的、或多或少由对"缺失"（-φ）的接受所标记的自恋，主体在其意识话语中表达了无意识自我。因此，他通过使用词和意识表象表达

1　Freud, Cf. Freud, « Le Moi et le ça », 1923, Œuvres choisies, t. 18, PUF.

2　这涉及的是或多或少被缺失（-φ）所标记的自恋神经症，原初自恋关联于对母亲客体的幻想中。孩子在存在中被这个母亲客体所投注。我们就理解了，主体，即区别于被第一个母亲大他者所异化的这个主体，不断地从第一个幻想中摆脱出来。但是，这第一个幻想仍然是支撑其生命的基础。我们将看到这两种自恋状态分别对应于主体结构 Σ 编织（R、S、I）的两个时刻，如同对应于两种模式，它们在一定的惯性下稳定了这一结构。

着语言能指，而这些词和表象代表着他作为被划杠的无意识主体，被无意识能指的另一个集合（即 S2）所划杠。这个能指集合的网络 S2 代表被假设知道的父母大他者。关于主体的这一理论研究作为能指间关系的结果，能够解决弗洛伊德提出的关于压抑对自我来说无法忍受的思想[1]的问题。

事实上，"无意识像语言那样构成"的论题包含两点：

（1）能指网、微分单位的存在作为能指间元素起作用。因为在话语的流动中，一个能指元素出现，并呼唤着另一个能指元素来赋予其意指。然而，要想解释这个网络只存在于意识和无意识之间不断分化的形式下，我们就必须承认：首先，所有在意识中被表达的能指元素都在不断地涉及另一个能指元素，通过在意识层面圈定话语的意指而不断地赋予这个能指元素以意义；其次，所有这些能指元素不断地在无意识水平上引发在客体的性意义上的一个所指内容，而能指间关系所代表的主体对此并不知晓。

（2）因此，我们必须假设主体只以这个结构的形式存在。这一形式可以被理解为莫比乌斯空间结构。[2]因为在拓扑学的这一特性中，莫比乌斯结构只有一个面，我们从一个地点可以通过一个连续通道而过渡到其背面，这样的结构也使我们理解了性的

---

1 弗洛伊德在 1895 年研究之初（在给弗里斯的信中），就提出了在癔症那里"无法忍受的表象不能抵达自我。其内容被保持隔离状态、在意识中不存在，而相关的情感则是通过转换到身体中而被排解的"。参考 Freud, Lettres à Fliess, Manuscrit H du 24 janvier 1895, Paris, PUF, 2006。

2 也就是一个卷曲、封闭且扭结的曲面。这样一来，此纽结和封闭性所构成的空间赋予连续边界一个莫比乌斯的拓扑学身份，同时从根本上分开了意识和无意识。在此空间结构中，边界同样以一个不连续的方式而非纽结的方式存在，从而使某些无意识元素能够进入意识。

压抑理论（通过呼唤赋予第一个能指以意指的第二个能指，才带来了性的意义）。

对空间莫比乌斯结构的研究使我们理解了在言说的线性维度中，所有能指元素都是对话语流动的一个切断。其实，只要我们在这个单侧面上跟随一个连续的路径，第二个能指元素就可以既是这个结构所固有的，也是被意识中的那个单侧面所压抑的。如图 3 所示：

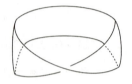

图 3 主体运作的莫比乌斯结构

我们可以将咿呀言语定义为，在一切符号性展开为能指单位之前，被主体所接收的、一种连续融合的请求，我们将此请求命名为字母 – 痕迹（lettres-traces）。咿呀言语（即 S1）与无意识能指的有序网络（S2）之间的差异，对应于弗洛伊德所称的原初压抑和次级压抑。

将莫比乌斯带假定为表象空间，不仅可以让我们理解从原初压抑到次级压抑的这个连续通道，以及这两种压抑的统一性和连续性，还可以让我们理解从无意识到意识的过渡。这个差异不停地在结构中产生。这样，莫比乌斯的表面重新阐释且简化了弗洛伊德在《无意识》[1]一文中的主要假设。。

---

1 Freud, « L'inconscient », (1915), *Métapsychologie*, Paris, Gallimard, 1977.

3

在结构假设中对弗洛伊德"自我和它我"理论的重释

精神分析的观点认为，母亲不仅传递给孩子生物学意义上的生命，还通过她在人世间对孩子的迎接，而传递了主体性生命。她用爱和投注迂回地向他传递语言的结构。这就是为什么在母亲幻想中的婴儿最终能变成孩子，成为言在。在这一维度中，他如同在整数序列里的数（n+1），为母亲在代际的秩序中代表继承者的功能。母亲通过爱，通过她的禀赋，通过她有能力带给孩子关于她在场的挫败，而将语言结构传递给孩子。正是这个爱和连续挫败的实现使孩子能接收语言，并作为被无意识切分的主体和被话语切分的主体而存在于这一语言中。

某些条件应该划归母亲一方，以便传递得以发生并顺利进行。母亲需要把孩子当作幻想客体来投注，即一度能满足其缺在的幻想客体。只有母亲在幻想中对孩子投注，才能允许在主体性结构所固有的三个维度，即实在（R）、符号（S）、想象（I）中的转移。

母亲的投注必须服从父性功能的符号性法则。并且，必须是母亲在其主体性中已经接受了阉割，也就是说在其与孩子的关系中，她表明孩子不是她自身被剥夺的那个"物"的替代。根据母亲所采取的对于最终权威的主体性定位方式，传递要么会在一个精神病结构中，要么会在一个神经症结构中展开或停滞。

此外，母亲必须实现她的爱与她带给孩子的挫败之间的交替，以便能传递给孩子这一结构。如果这些条件都具备了，那么被母亲幻想所投注的孩子就成为母性冲动的客体（a），同时失去的融合快乐就能转变为欲望、性欲、存在的享乐，转变为石祖[1]享乐（JΦ）。在最后的这种情形中，孩子将通过想象大他者享乐的幻想，试图重新找回那个已失去的融合快乐的回响。

3.1　作为客体（a）的孩子（主体）

在弗洛伊德的研究中，主体结构是在两个分离的地点间的一个相互作用，即它我的地点和无意识自我的地点。对此该如何理解并重新阐释呢？

这就必须采用另一个范畴——实在、符号、想象和症状的范畴——来理解这一结构的扩展。因此，我将以母亲和孩子的关系作为出发点。

首先要指出，孩子－主体作为母亲的冲动客体（a）[2]被投注。

1　关于"石祖"，请参见本书108页脚注2。——译者注

2　参考 Donald Winnicott, *La nature humaine*, Paris, Gallimard, 2004。我们注意到在这本书中，温尼科特有一个直觉，即从外部到内部是通过内部冲动的客体——客体（a）的身份变化而实现的。我们将看到这个客体（a），其作为原因客体是在结构编织过程的形式下，由孩子与父母关系的纽带而被建构的（参考 Lacan, *Le sinthome*, Paris, Seuil, 2005）。随后，构成第一个客体（a）的这个初原编织，它的变化允许主体展其结构，并减少连接于未展开部分的无意识的神经症性冲突。

位于此结构 Σ 中的客体（a）除了具备拓扑学所指定的一致性外，不再有别的一致性，即只具备在这一结构的三个维度 R、S、I 间的邻域位置的一致性。这就是为什么客体（a）将构成基础、生成性客体，在此基础之上结构将得以展开。这里包含两个阶段：第一阶段，孩子被构成为母亲的幻想客体（a）；第二阶段，这个客体（a）发展成波罗米结，并且在客体的幻想和认同的结构（考虑到弗洛伊德的自我和它我的拓扑学）之间切分主体。通过波罗米和莫比乌斯的假设，这些分离的点共同存在于结构统一体中。它们的分离[1]在于一个持续的相互作用，这使我们理解了精神分析治疗如何改变无意识自我：通过让主体走出对母亲幻想客体（a）（它我）的认同，使主体能用其他的幻想客体来取代母亲幻想客体（已改变的它我）。

为了这一制作，必须满足以下几个条件：

（1）孩子的身体被母亲的照顾和话语所标记。这是结构的实在维度。这些标记将融合的快乐登记为记忆痕迹。如果这些记忆痕迹始终是活跃的、融合的快乐没有清空，那么它们便会引发一个焦虑的常量。这些痕迹构成了语言网络的整合。我们将这些痕迹用 S1[2] 来编排，这个索引也将作为在无意识网络中主体的索引而得以展开。这些（S1）标记了所失去的融合，是早期缺在的

1　这些分离由那些拉康所称为的一划所构成。必须理解：RSI 的三个维度首先是同质的形式，并非不同质的。RSI 之间的差异强调的是每个维度相对于另外两个而言的优势。对于精神病的结构，三螺旋形构成客体（a）以及早期那些一划的空间。这个三曲腿图形没有发展为 RSI 的波罗米结构，而是形成了没有内部的切分的唯一的连续空间：这就是精神病的三叶结。

2　参考 Lacan, « Leçon du 17 décembre 1974 », *R. S. I.*, inédit。

标记，它们等待着 S2，即父母携带的能指去赋予这些 S1 以意义。

（2）为了传递能够实现，母亲不能仅仅处在管控孩子的位置上，更要通过她的爱和她对符号性法则的服从来实现传递。她必须使孩子欲望她的欲望，从而走向父亲，这个由符号石祖 Φ 所定位的、语言一极的持有者。这就是我们命名的能指化的维度[1]、符号的维度。我们用 S2[2] 来描述这样一个事实：当一些早期记忆痕迹中的融合快乐[3]消失时，这些早期记忆痕迹就会出现在具有区分性的能指网络中。

（3）另一方面，在母亲的照顾过程中，与母亲对孩子的挫败和对孩子的投注密切相关的（在实在的和符号的基础上）是孩子还需要能创造一个想象，在这个想象中他的基础自恋得以构建。

（4）作为结构的第四个维度——症状（σ）[4]，它是其他三个维度所固有的。孩子过度的融合享乐的后果，正是在症状（σ）中被记录下来的。

母亲对孩子的幻想投注在这三个维度中以客体（a）的形式出现，并构造了一个可发展为结的形式的拓扑空间结构。如图 4 所示：

1　以同外延的方式，主体将在语言能指化的生成性维度中去发展语言所包含的意义。在此基础上，通过隐喻的途径，将不断产生无意识意义。

2　（S2）：能指元素的网络。

3　正是这样，我们能重新阐释弗洛伊德原初压抑的概念。

4　为了方便阅读拓扑图形，我在这里没有记录症状（σ）这第四个维度，尽管这个维度始终潜在地与其他三个维度相纽结。

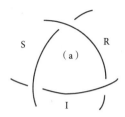

图 4 客体（a）的拓扑结构[1]

3.2 到波罗米结的过渡

为了深入这个结构形成的理论，从母亲 – 孩子间传递的偶然性出发，我们要区分两个时刻：通过形成客体（a）而形成这个结的时刻；以及这个客体展开为波罗米结的时刻。我将这个波罗米结形成的时刻对应于剥夺。在这一时刻，孩子丢失了融合的快乐，以便以主体的身份进入母亲的幻想。"成为 – 主体"是通过第一个编织的完成而得以实现的，这个编织可用三个封闭曲线来表示；与此同时，客体（a）所在的空间得以显现。这个客体空间由以下三个主体性联系而建构成结的结构：

（1）母 – 子间实在的联系。由能指元素与享乐的交替而建构。此处的享乐关联于由母 – 子的亲密关系所留下的那些记忆痕迹。

（2）同时，第二个主体性联系，即符号的联系，是孩子与父亲之间的联系，即被母亲符号性地赋予价值的人。在孩子反复

---

1 勾勒出并定义客体（a）为欲望原因的这三个维度是实在（R）、符号（S）和想象（I）。第四个维度症状在这里潜在地在场，但没有显示出来。参考 Lacan, « Leçon du 14 janvier 1975 », in R. S. I., op. cit。

遭遇到母亲漠视的点那里，父亲就被置入了，孩子将这个漠视的点视为对其请求的不回应。我们将这一主体元素记为 S（A），对孩子而言此元素记录了母亲大他者的不完备性。一个主体性的需要促使孩子去对峙大他者的不完备性，并假设存在一个意指来填补这个缺失。我们将这个意指命名为符号石祖 Φ。

（3）最后，第三个联系，即想象的联系。在这个联系中孩子认同于父－母的关系，因为此关系是性意义的一个持有者。正是在这个基础上，幼儿性欲得以建立。这个想象的联系对应于客体（a）的第三边。

在客体（a）和被这样构造的空间的基础上，石祖 Φ 的功能将确保（如果父母[1]的主体性传递允许的话）无意识结构的三个不同且封闭的空间维度 R、S、I 的出现[2]——石祖既是主体性中父性权力的隐喻又是结构隐蔽空间中的无穷远点。通过波罗米结构的构建，使主体直面了符号石祖 Φ，后者将主体性空间封闭，并紧致化和差异化了所遭遇的主体性事件。正是这样，实在（R），符号（S），想象（I）以及后来的症状（σ）得以相互区分并形成纽结。在这个展开中，主体在大他者的呼唤下能够做出必然的决定：决定用新的客体（a）来代替此前形成的客体（a），并将它变成他的基础幻想。

1　尤其是如果母亲接受处于有缺失的女人这一位置的话（以"被划杠的"L 的记法来表示），就显示着她对石祖 Φ 的欲望，也为孩子引入了父性功能的位置。参考 *Encore*, Paris, Seuil, 1973。

2　拥有无穷远点身份的这个符号石祖的功能，通过被称为紧致化的方式，将空间的三个维度封闭。

3.3 主体结构 Σ 的编织（R、S、I）

为了深入结构 Σ 形成的这一逻辑，我们用弗洛伊德思考过的方法去研究。对弗洛伊德而言，这一逻辑有三个基础的主体性过程：剥夺、挫败和阉割。因为正是在感到快乐／不快乐的更替中和母亲的投注／撤投注的程度差异中，显示出对孩子而言母亲在场之丧失的那些模式。因此，正是首先通过声音的丧失，在与实在的联系中目光的想象维度展开了，而身体和身体的像都处于这个维度。随后，又通过目光的丧失，声音的符号维度得以显现并连接于实在的维度中，与原初融合的体验相连。融合／缺在的主体性更替、快乐／不快乐的更替、挫败／阉割的更替都被拓扑化地表达为结构的构成成分的就位，即实在、符号、想象和它们拓扑邻域的地点，也就是客体（a）的地点。

而为了理解母 - 子关系中结构的传递[1]和主体性的出现，必须承认（R、S、I）的形成与主体原初情感[2]的出现是相关联的，R、S、I 三个维度的出现以及这个空间结构的出现都对应于"RSI"的形成。通过追踪母亲向孩子传递的主体结构，我们得以理解在大量反复编织[3]的早期时刻，如何获得过渡到符号石祖 Φ [4]的超限数的价值。体现在母亲欲望之谜中的石祖 Φ，也是作为归纳原则和

---

1 对大他者且是第一个给予支撑的亲人（母亲）而言，所涉及的是，要在她的辞说中展开一个结构，也就是说一个能允许孩子主体性出现的传递。

2 原初的情感：外 - 在（ek-sistence），作为实在；缺在（洞），作为符号；内容，是想象。

3 我不准备在本书的框架下发展这些点。

4 符号石祖的超价值来自丢失的融合快乐，这个失去必然进入语言的结的结构 Σ 中。

无穷远点的这个符号石祖，它要求不同的编织闭合为[1]波罗米结。

因此对主体而言，波罗米结构的传递是早期所建立的一些关系的结果。这些早期关系是在早期的主体性联系和早期的无意识定位（即在母亲话语中被传递的 R、S、I 维度）之间建立起来的。如此一来：

（1）母亲与孩子的联系产生了一个最早的享乐，这个享乐是实在的维度。

（2）孩子到父亲的联系和孩子到石祖 Φ 的联系产生了符号，作为现实的另一个维度。

（3）父亲到母亲的联系，产生了想象，即另一个现实的维度。

（4）在三个原初联系之间的一系列置换。这三个原初联系中的每一个都是 R、S、I 的统一形式，在主体性上无区别[2]。

3.4 主体结构及其潜藏空间的共同显现

主体的呈现与大他者范畴的出现相关联，其实现首先是母亲身体被剥夺的结果。从哲学的角度，这个过渡表现为：从存在（être）（被捕捉于融合快乐中的存在）过渡到外－在（ek-sistence）中的非－在（non-être）（进入语言的结的入口）。存在（être）作为能指"大写之一"（Un）出现在结构中是不可能的，它只能作为缺失的、

1　在未出版的《结论的时刻》（*Le Moment de conclure*）研讨班（1978 年 5 月 8 日的讲课）中，拉康提出："如果我讨论符号、想象和实在，恰恰是因为实在就是那个布料。［……］想象、实在和符号，正是位于我们所称的编织中的三个功能。"

2　一划和三个维度的同质性。

负的大写之一（Un-en-moins）和盈余的大写之一（Un-en-plus）
呈现在每个主体的欲望层面。我将这一过程视为母亲在幻想中对
孩子投注的结果。主体呈现的时刻也是一个主体性结构的潜藏空
间形成的时刻。

由客体（a）边界的邻域构建起来的空间表明，孩子作为母
亲幻想的客体，经过了对母－子融合的连续切割。这些切割产生
了三个维度，即实在的（R）、符号的（S）和想象的（I）维度。
因此，我们可以将这个客体空间视为一个编织的结果。在缺在的
压力下，主体展开了由母亲话语所传递的潜在波罗米结构。随后，
母亲的传递以及孩子（正成为被能指标记的主体）对其接收的偶
然性，就实现了这个结构的展开。此外，对性密码的了解[1]促使
主体压抑了他在幼儿性欲中所感受到的一切，也让主体决定脱离
他对客体（a）的第一个认同。在那个时刻，主体得以展开，并
由一个波罗米结的结构所展开，这个波罗米结的结构意味着一个
新幻想客体代替了第一个客体（a），即母亲幻想的客体。

这个波罗米结的展开涉及三个新的主体性制作：

（1）由于与母亲大他者的不完备性（我们记为 S(A)）相遇，
主体理解了与母亲大他者的想象关系。

（2）通过理解与父亲的符号性关系，而承认自己不等价于
符号石祖 Φ。

---

[1] 正是在这个时刻，孩子幻想了父母间的一个性关系，并从阴茎和阴道的角色的客观化出
发去想象这一关系。

（3）在以上两个制作之后，在父亲和母亲的爱诺关系主体中解码了完备性这一目标，我将其称为幼儿性欲的大写之一，这个大写之一采用了客体（a）的幻想形式。

在这个时刻之后，主体就能用另一个幻想客体（该客体将构成他的基础乱伦幻想）去代替他曾是母亲请求的客体（a）这一幻想。正是这样，在焦虑和反感的驱使下，主体压抑了这个表达为能指大写之一、表达着乱伦融合的丧失的幼儿性欲。但如果乱伦幻想过分重要，主体就会陷入神经症。如果它的重要性有限，主体就能被切分为：部分停留在乱伦幻想中，部分摆脱了这个幻想。这个摆脱既是无意识的又是意识的，它表达为对症状（σ）的认同，这个症状由对性欲的想象所勾勒。

3.5 无意识中"男 / 女"性化的实现

我们可以将这个无意识结构的建立视为"男 / 女"性化的实现。

这一性化的传递源于我所称的原始家庭三角关系，它必然带来男 / 女之间差异的就位。这个原始三角关系由母亲、父亲以及孩子与父母之间性的关系所构成。这个性的关系一旦被孩子理解后，就对孩子展示小石褪巾的价值。

孩子在这个原始家庭三角关系中登录于以下位置：

— 男人的位置：以父亲作为阴茎携带者的方式被母亲标记；
— 女人的位置：在与母亲的关系中，登录于此。这个位置与其阴茎缺失相连，并因此被母亲标记为女孩。

在这种情况下，必须考虑的六个条件是：

（1）无意识结构 Σ 只有首先在母亲的幻想中孩子被投注的情况下，才能传递给孩子。母亲的这个幻想使孩子能在母亲的照料和挫败中发现并提炼出结构的 R、S、I 这几个维度。

（2）能指大写之一的概念。它在主体性中指示着缺失的被禁止的融合，以剥夺的形式导致了整个结构的建立。因为这个结构只能在融合快乐的最初失去的效果之下被展开，并使"实在"出现在主体性中，这个"实在"始终想要找回弗洛伊德以及后来拉康所命名的"物"。当孩子透过父母的夫妻关系去幻想性的关系时，这个"物"就构成了幼儿性欲的大写之一，而这个性的关系从另一个方面来讲是不存在的。

（3）结构的建立是这个"大写之一"丧失的结果，它与孩子所感受到的、在其眼中的母亲所漠视的点相关。这个漠视的点被孩子感觉为大他者具有的不完备性的点，我们记为 S（A）。

（4）对主体而言，产生了这样一个问题："大他者想要什么？"如此，母亲的欲望向孩子显示了符号石祖 Φ，这就好比她向孩子表明，作为原初母亲大他者，她是有缺失的，（Ł）。

（5）划掉的Ł，表示女性位置。只有母亲作为有缺失的、不完备的大他者 S（A）这一点，才能推动主体依靠在重要且有价值之物上，以对抗缺失和大他者的不完备性。不同的是，男性一侧被主体S的切分所标记，在这个关于客体（a）的幻想中，它像是始终缺失的享乐的载体。因此，我们必须区分性化的男 / 女：

①女性一侧，追求能指地点中的符号石祖，即拉康所指的一个非 - 性器官的性征；②男性一侧，在客体（a）的区域中，在幻想的客体（a）的形式下，追求缺失的享乐。这就是性征的性化部分。

（6）最后，切割口指示着主体的男性空间和女性空间之间变化的边界。我们可以在莫比乌斯带的形式下来表现这个切割，如图 5 所示：

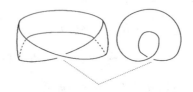

图 5　莫比乌斯带的切割

这个切割口所固有的紧致特性，使我们理解了符号网络如何找到其极限。这个边界证明了具有密度[1]的实在能不断产生更多的能指元素，从而也能产生话语。根据主体的观点，从结构的男性模态到女性模态的通道[2]之所以能成为可能，只是因为幻想客体的地点被大写之一的在场所投注，被这个缺失的享乐所投注。

第一个困难在于理解以下几点：

——客体（a）是一个原因。它揭示了拥有主体性结构的某些

1　我们通过密度来表示这一事实，即对整个能指的邻域而言，在网络的不同元素间始终存在一个潜在的新能指元素。正是与母亲融合连接的特性产生了密度的潜在性。

2　"男性部分"和"女性部分"的结构双重模态来自主体结构 Σ 中一个潜藏的二元性准备。这个主体性结构是一个双重操作的结果：第一个操作是大他者领域的有限开覆盖的引入（如母亲证明她是被缺失所标记的）；第二个操作是通过一个有限闭子覆盖对第一个覆盖的提取，这一有限闭子覆盖潜藏于结构的男性部分。

特质的一个空间。

——这个原因，定位为空间，实现了缺失的动力性效能。该功
能不断地产生幻想以掩盖这个空。

——客体（a）的缺失源自对乱伦的点的否定，用能指大写之
一[1]表示。因此，我们需要理解，正是在乱伦融合丢失的
形式下，对大写之一积极不断的否定才创造出名为（a）
的缺失生成物。

这个术语和这个否定的逻辑发展了弗洛伊德提出但没有被完
全理解的动力论：在自我–快乐（享乐）和自我–现实（能指）
之间，从一开始就存在的差异。

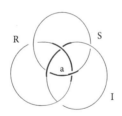

图6 在R、S、I之间的邻域的地点

第二个困难在于，要将否定的逻辑与享乐缺失模式的逻辑相
等同。必须理解这些模式是在主体性空间的连续中不断实现的，
并作为这些空间的内部分离。这就是拓扑学所能展示的和我将阐
述的。在主体性空间中，享乐缺失的辩证法表现为，由内部切分

1 歧义的是，能指大写之一不断地被否认和呼唤。它在主体性中作为对享乐的永久剥夺而
起作用。这一剥夺变为由于父母的教育而带来的挫败和符号性阉割。全能的父亲或母亲的形象，
即我称为的大写之一母亲和大写之一父亲，赋予这个能指大写之一以内容，并在主体性中被
否认。

所带来的一个空间产物。从而，主体固有的这个空间结构（我们必须将其命名为拓扑的结构）不断地在空间和该空间的切口之间被继续切分。在神经症中，这个切分是以冲突的形式进行的。

4

精神分析临床的特殊性

与专注于心理病理学的心理治疗不同，甚至与在医学界不断
出现的那些新的病理学[1]也不同，我将强调在经典精神病学基础
上，由弗洛伊德建立在纲领中的精神分析临床的特殊性。诚然，
用以定义临床心理学的这些分类，在历史的进程中已经发生了变
化。而与之相反的精神分析临床的不变性则可以被理解为，精神
分析的对象既不是通过与一个社会规范相比较而被构想的病理学
对象，也不是一个现象学对象。因为，和精神病的临床不同，精
神分析的临床只涉及缺在的那些方式[2]，它们影响着无意识主体
并使其产生了症状（σ）。在这一点上，与精神病学同时诞生的
精神分析的临床，在今天必须不断与精神病学相分离。

将精神病临床特征化的首先是，拒绝将症状的"意义"与结
构性原因的理解分开（这些结构性原因给了一个解释）；其次，
拒绝承认在意义之外的享乐所不可简约的方面，即实在所指示的
部分。正因如此，目前美国主要的精神病参考手册《精神障碍诊

1　通过病理学，我们简略地指出精神性厌食、自杀、毒瘾、边缘状态、社会暴力。

2　"缺在"通过一个能指主体性地表达了"母亲没有阴茎"这一创伤感。

断与统计手册》（第5版）所建议的精神障碍分类与精神分析的研究产生了分歧，因为精神分析绝不会将症状从使主体痛苦的真相中分割出来，视作一个客观事物。事实上，精神分析，作为精神分析家投入实践并与理论相关联的艺术，拒绝了为了心理障碍这样一个社会学概念而牺牲主体功能持有者的个体利益。

必须理解的是，缺在这个概念定义了人的自恋力比多，性的概念不同于生物学性欲；对这个缺失体验的防御引发了一个乱伦幻想（如神经症的基础幻想，或精神病的谵妄）。正因如此，压抑缺在的幻想支撑于一个被认为能掩盖这个缺口的客体上。

那么对缺失的防御，或者说对无意识自恋形象的阉割（- φ）的防御是怎样被制作的呢？为了填补大他者和主体自身被假设的这一缺失，主体会推测在自己的形象中拥有大他者所需要的客体。因此，自恋客体便是大他者所需要的客体，即所有冲动的支撑物（声音、目光、乳房、阴茎、粪便）。这个自恋客体使主体变成一个想象石祖陷于损害欲望的自淫中。就这样，主体的切分转变为冲突并产生了痛苦。这个因果关系的定位阐明了为何相对于历史学和社会学来说，精神分析的临床是不变的，即现实中病理的出现来自无意识的冲突。

以癔症为例，我发现目前癔症在社会上被视为抑郁，也包括焦虑。这样看来，神经症的冲突似乎就不再源于无意识了。然而，它却不断通过身体、以新的疾病形式和不同的障碍而重现，不断地在一个永不满足的形式下表达。

临床经验显示：主导话语、科学和技术的世界性传播产生了新的症状形式和抱怨方式。这些新形式和新方式支撑于非存在感、空洞感及非真实感，后者正是大多数人在行使新自由和面临新家庭组织模式时所感受到的[1]。这样，正如拉康所评论的：主体在新花样[2]中迷失了。很容易发现在那里所涉及的是倒错的最低形式[3]的继续，它渲染着社会联系。这些形式使主体通过消耗能对抗缺在的那些客体和被提升至药物地位的毒品，以此来保持沉溺于其享乐中。

但是，我拒绝在倒错概念下对社会联系进行心理学化，因为我认为不可能根据临床症状来裁定一个社会构成的集合。对于这个问题，我们必须注意限制精神分析的外延性应用，避免在活跃的意识形态中坍塌的风险。因此，与一些精神分析家所主张的相反，我主张要在无意识领域和意识形态及法律领域[4]之间做一个切分。

1　比如在中国，对孩子数量的强制限定就产生了尖锐的代际传递问题。

2　Lacan, « La Troisième », 1914, Lettre de l'école freudienne nᵒ 16, Paris, novembre 1975："精神分析的未来是某一依赖于实在的将是之物，即例如，是否新的事物将真正成为主宰，是否我们最终也会被这些新事物所推动。"

3　历史研究表明，几乎所有文明都或多或少地向其主体提供一个倒错的人际形式（panem et circenses）。

4　这样，就必须反驳皮埃尔·勒让德尔（Pierre Legendre）文章中的错误，他在《洛尔蒂下士的罪行》（ Le crime du caporal Lortie, Paris, Fayard, 1989）中提出了在法律主体与无意识主体之间的连续性。

5

症状到无意识结构的联系

在无意识主体的理论和关于症状形式的知识之间存在一个必然联系，在这些症状形式下这个联系得以展现。在这个意义上，没有任何精神分析理论不被连接到症状——我们记为（σ）——的临床理论之上。根据弗洛伊德的观点，临床案例即如此，拉康称其为最实在之物。

弗洛伊德通过研究精神器官中量（Q）增长的结果（关于切分主体的无意识冲突），概述了精神分析关于健康的概念：

健康只能通过我们去参照已认识的，或者换句话说，被我们假设、推论出的精神机构之间力的关系，即元心理学的方式来描述。[1]

主体的健康取决于内部幻想与结构的不同部分之间的关系。但这里力的关系是指什么呢？对弗洛伊德而言，它揭示了"在自我的请求、超我的请求与它我的请求之间，某种可行的存在方式"。让我们来解释一下解决这个问题的回答。

---

1 Freud, *Analyse finie, analyse infinie*, (1937), section 3, note 1, in *Résultats, idées, problèmes, 1890-1938*, Paris, PUF, tome II, 1985, p. 241.

在今天所发展的精神分析中，我们知道无意识冲突在神经症[1]个案里与在幻想形式中自我自恋的乱伦意图相关联。这个意图将主体置于同法则的冲突中。为了抵御这个幻想，甚至是为了自我惩罚，主体放弃了后来被定义为"石祖享乐"的冲动的满足，而满足于在症状复杂的形式下部分的"卸载–满足"[2]。

通过自恋的缩减，这个冲突得以解除，也改变了无意识自我的诉求。这让导致症状（σ）与其他维度相异的自淫幻想部分减少了。因此，主体的健康可以被定义为结的四个不同构成（R、S、I、σ）的同质化，我称之为它们的协方差[3]。这与精神病人的情况是不一样的[4]。

关于倒错，尽管它不是一个特殊的结构，因为它主要是指在社会范畴中的一些行为（弗洛伊德称之为性变态的多样性），但它仍构成了精神分析临床的一个类别。在这些现象学定义之外，倒错意味着一个不变的否认阉割的企图，并且否认接受缺在、否认符号法[5]。因此，倒错者通过否认在一个客体中的缺在或在一

1　在神经症的框架下，弗洛伊德试图理解为何关于缺在（阉割）表象的压抑引起了自我难以承受的痛苦，使自我除了压抑这个缺失和通过症状找到一个缺失表象的替代，再无别的可能性。这一发展使弗洛伊德得出了症状的三大结构：（1）在恐惧症中表现出的焦虑性癔症；（2）转换型癔症，（3）强迫症。

2　弗洛伊德在其《精神分析纲要》（Abrégé de psychanalyse）中区分了正常神经症和严重神经症，而并没有给后者制作一个特殊的主体性结构。鉴于此，我拒绝边缘状态（border-line）的命名，这一概念由于其认识论的空缺，对法国公共健康机构而言已变为一个特殊类别。参考 Psychothérapies, Nouvelles approches, Inserm, 2004。

3　参考 Jean-Gérard Bursztein, le renouveau de la psychanalyse dans l'hypothèse borroméenne, op. cit.

4　即在弗洛伊德时期，在妄想狂、躁郁症和精神分裂那里所称的早发性痴呆。

5　符号法定义为结构所固有的规范目的，弗洛伊德用它来表示由于阉割情结导致的俄狄浦斯情结的变化。

个现实情境中的缺在，而总是被驱使着去寻找一个替代，我们称之为恋物[1]。

这些观察将临床中遇到的一些结构[2]及主体性构造与无意识存在判断的三大模态建立了联系，关系到对阉割的防御，因为阉割是自我的自恋不可忍受的表象。所提出的结构方式使区分主体行为成为可能，而不是将它们归到一个假定的起源中。为了便于理解，我认为要考虑存在和实体之间的差异。

精神分析临床从三个不同机制出发定义了症状的特殊结构：在神经症结构中的压抑（Verdrängung）；在精神病结构中，对"说'不'之名"的根本性拒绝（Verwerfung）及其结果；在倒错组织中，对符号法的否认（Verleugnung）。在范畴学的意义上，为了指示一种无意识的存在模式，我更愿意说主体性的倒错组织，而不是倒错结构。因为，正是根据一个主体的行为举止，我们将其判断为倒错。倒错在于让自己变成主体的同谋，而这个主体是在受虐狂或施虐狂中对一个融合的请求者。

1　通过现实客体的特点，恋物的概念对母亲没有阴茎做了一个否认。
2　而在美国，由于临床中对"划分"一词的滥用，导致了不可能构造一个建立在可传授的理论之上的精神分析临床。

6

死冲动理论到享乐理论的转变

在波罗米结空间上，我们用拓扑学方式定位客体（a）和享乐的不同模式：（JA）[1]和（JΦ）。

首先，我们将定义大他者享乐（JA），是对失去的融合享乐的不放弃。如果我们理解了这个享乐是基于自淫的幻想，是不存在的完备性的制造者，那么这个享乐的悖论就清楚了。事实上，大他者享乐不仅是一个痛苦，也是一个持续的不满足，因为在追求融合的过程中，它只会遇到大他者在场的缺失。支撑这个不存在享乐的唯一满足部分，就是石祖享乐，而它受到连接于自淫幻想上的症状[2]的限制。

因此，受虐狂以一种症状（σ）加重的形式表现出来，即精神器官的根本惯性倾向。弗洛伊德将这个惯性命名为死冲动。然

1　参考 Lacan, « Leçon du 16 décembre 1975 », in *Le sinthome*, Paris, Seuil, 2005, p. 55："……JA 读作被划杠的大他者享乐。是什么意思？这个被划杠的 A 表示不存在大他者的大他者，这与像这样的大他者地点的符号性并不相悖。从此，也不再有大他者享乐。JA，大他者的大他者享乐是不可能的，其简单的原因就是它并不存在。由此，只剩下另外两个术语。一方面，存在一个意义（sens），是在符号的圈与想象的圈交汇的部分所产生的意义；另一方面，存在我们所称的石祖享乐，它源于符号与实在的关系。"
2　例如厌食症的症状，是通过拒绝食物这一能指，主体试图想象性地克服大他者享乐所不接受的缺失。

而，弗洛伊德的这个结构命题没有完全涵盖满足的问题，所以必须从享乐模式和结构 Σ 固有的幻想模式的角度去重新讨论这个问题。因此，自淫幻想附着在生冲动、死冲动[1]的混合中，被连接在能指链上的欲望幻想系列所取代。这个系列编排了能指空间，增大了能指链的密度，并且使不在场的"物"产生了在场的效果。对这一效果的感受降低了不快乐的阈值，同时，当死冲动摆脱了对连接在自淫幻想中的那些石祖客体的想象时，死冲动的积极命运[2]就成为可能。这样，生和死的概念的分类学意义就必须转变了。它们不再涉及冲动的问题，而是表示附着在最初记忆痕迹上的融合享乐被排空后，主体的结果。

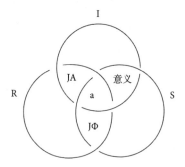

图 7　在波罗米结的结构中享乐的拓扑学定位

1　弗洛伊德在其研究最后也没有将生冲动和死冲动分开。参考 Sigmund Freud, C. Bullitt, *Le président T. W. Wilson*, Paris, Payot, 1990："爱洛斯和死冲动从一出生就出现在精神生活中，不存在单一的状态，而常常是不同比例的混合。"

2　因此，将死冲动与毁灭冲动同化是一个错误。相反，必须注意毁灭冲动具有生冲动和死冲动的混合特质。参考 Freud, *Malaise dans la civilisation*, 1930, in Œuvres complètes, Paris, PUF, t. 18, p. 306（参见弗洛伊德，《文明及其不满》，收录于《一个幻觉的未来》，北京：华夏出版社，1999 年，第 53 页）："我不太惊异的是，其他人也已显示出（对生冲动和死冲动）同样的抵抗，而且仍然在显示这种抵抗。因为人们不愿听到谈及人类有攻击、破坏和残忍的那些先天倾向。"

主体进入语言可被隐喻为进入死亡的某一特定入口。享乐存在的不同模式使大他者享乐（JA）和石祖享乐（JΦ）由此唤起了对"物"的享乐和在"缺在"的背景下"物"的缺失。接下来，我将对此作进一步发展。

其次，与追求不可能的融合享乐不同，石祖享乐（JΦ）是唯一存在的享乐，因为它依赖于能指密度并使对客体的幻想出现，这些客体正是对有缺失的大他者[1]的替代。

再次，如果我们不考虑另一类享乐，即女性享乐[2]的偶然性，那么享乐模式的理论则不完整。女性享乐支撑于石祖享乐之上，隐喻着缺失的在场，它并非瞄准在请求的系列中的可数客体，而在于记录着欲望超限数[3]的那些能指。女性享乐无法定位于以上图示中，因其偶然性暗含了一个不可被定位的潜在性。同样，假设只有可数的多样性（如多重经验），或假设不能进入欲望超限数中，这些欲望超限数与表达着符号石祖的那些能指[4]相联，属于我们可以定义为男性癔症的一个主体位置。还需要明确的是能指大写之一，它唤起了失去的融合快乐的"物"，它既不是一个超验性的幻觉，也不是从超限数到连接自淫请求的一个可数的多

1　围绕着唤起失去的融合的这个请求，以想象的方式所幻想的不存在的大他者享乐的模式在主体性中以被禁止的享乐（JA）而被表达。第二个模式是石祖享乐的模式，它构成了结构中享乐多样性的基础，并主体化为被允许的享乐（JΦ）。

2　参考 Lacan, « Leçon du 17 février 1971 », in *D'un discours qui ne serait pas du semblant,* inédit: "石祖是这样一个器官，它涉及'是'的问题，即女性的享乐。"

3　超限数的概念代表连续性缺失的大写之一。它指示着连接在这个能指上的欲望，它既登记为缺失，也在这些超限数形式下作为对缺在的某种替代。

4　能指被相遇所支撑，比如与某些人、某些观念和计划等的相遇。

样性的缩减。符号石祖 Φ 表明，女性享乐事实上是对石祖享乐的补充享乐。当脱离神经症症状时，女性享乐便允许爱偶尔被添加至性中。

最后，我们可以确定，在无意识网络中，"意义"通过隐喻的方式产生，换句话说，就是通过一种能指的交配而产生。

7

大他者享乐的概念对受虐狂概念的重释

在死冲动与生冲动概念的交织下，为理解受虐狂、痛苦，以及战争神经症这种所谓的创伤神经症等临床现象，弗洛伊德提出了冲动理论的一个模式。死冲动概念指出了不快乐缺席的可能性，还指示了一个快乐，它关联于返回主体生活中的无生命状态。这个返回被一个可能性所控制，这一可能性便是能找到一个客体[1]以解除不满足。在受虐狂那里，弗洛伊德注意到被体验到的痛苦成了这样的客体，它使主体身体的一部分等同于其大他者的身体。由此，痛苦便带来了些许满足，因为它是丢失的原初融合享乐的写照，而对于这一原初融合享乐，受虐狂的主体无法放弃。当然，引发症状的这一享乐也带来了一个极大的不满足，因为受虐狂找到的作为客体的痛苦，无法与一个幻想的、能引起爱欲或自恋的客体相匹敌。只有痛苦这个客体能给主体一个足够的石祖价值，

---

[1] 弗洛伊德在这里使用的客体分类是为了指出冲动的目的。此后，该分类具有了一个新的意义，即享乐的条件。因此，客体可以是不密集的，甚至不存在，就像在受虐狂和大他者享乐中那样，这些客体与想象相连（依赖于对身体某一部分的想象）。或与此相反，因为被能指链（S1 → S2）要素（即石祖价值的携带者）投注，它可以是一个密集的客体。自淫、爱欲或欲望是其结果的形式。

以便他克服缺在。

为了走出这一困境，就必须对之前研究的享乐理论，即大他者享乐（JA）/ 石祖享乐（JΦ）之中关于受虐狂[1]的问题进行重新阐释。在受虐狂那里，不是死冲动在起作用，而恰恰是生冲动在起作用。它如同主体在持续呼唤与不可能的完备性[2]重逢，但因为不存在这个完备性，所以这个重逢是不可能的。正是被拉康归入石祖享乐概念范畴的客体与自恋的交织，才使主体能找到石祖享乐以作为对丢失的融合享乐的替代。因此，主体必须同意放弃大他者享乐，放弃其所带来的想象自恋的完备性，接受符号性阉割。在这些条件下，被乱伦幻想所俘虏的负罪感便消失了，同时主体能以爱欲或欲望形式投注于石祖享乐中。在这一放弃中，与包含符号石祖 Φ 的能指（S2）相遇，能让主体发现大量的能指涌现，并持续感受到身体上的享乐。大他者享乐（JA）到另一种享乐，即身体的实在享乐的这一转变，使被享乐的剥夺所标记的现实的人具有了主体性。这样，石祖享乐和另一种享乐允许主体找到一个在场的替代物去克服缺在和不满足。在这个意义上，石祖享乐的增加可以关联于某种与死的观念[3]相关的惯性，尽管

1　受虐狂在精神病的进中的身份不同于在神经症中，尽管可以归起某种大他者享乐，但无法在拓扑学中定位。

2　在受虐狂那里，主体认同于其父（母）亲大他者的施虐享乐。这个父（母）亲大他者在他的自恋中惩罚他、废除他。超越快乐原则变为快乐和自我废除的倒错享乐的焦虑。如果我们理解了，以幻想的方式唤起失去的融合享乐（这是主体所不能放弃的）这一自我废除本身是一个享乐，那么受虐狂之谜就解开了。经验告诉我们，许多疾病源于自我惩罚的需要。

3　当弗洛伊德说升华表达着死冲动时，他接近了这个概念："通过从对客体的投注中获得力比多、将自己定位为唯一的爱的客体，以及通过对它我力比多去性化或使它我力比多升华，它（自我）就会与爱欲的目的背道而驰，并使自身服务于相反的冲动。"参考 Freud, « Le Moi et le ça », 1923, Œuvres choisies, t. 18, PUF。

是悖论的，但石祖享乐仍与一个更大的存在相关。这里的困难在于主体化并接受下述情形：只有一定程度上放弃次级自恋，即围绕符号石祖 Φ 而组织的（男性－位置）我们的本质，并且放弃自淫，才能进入我们的实体，也就是说，才能进入被缺失标记的享乐的身体。在此，我再次提及关于实体的分类，因为它只能被定义为被切分的主体 S 最独特的点。事实上，言在（parlêtre），正在言说的"存在"，这个存在只是一个自身的切分，与构造其本质的能指元素的普遍性有关，其本质由"男性方面"的符号石祖所构成；而其实在的维度来自结构的"女性方面"，特别是与唤起缺失的大写之一的享乐有特殊关系，这个关系使被剥夺标记的身体变成了一个实体。

我们用图 8 来总结以上内容。

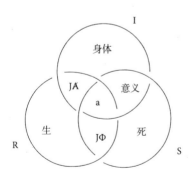

图 8　波罗米结构中生、死及身体的交织

8

症状在结构中的移置

8.1　临床知识如同症状的知识

　　临床判断通过精神分析家与分析者的独特相遇而构成其特点。如果可以的话，精神分析家应当去思考概念，思考用哪个概念来推断症状。这里不存在经验主义。获得一个临床知识必须通过一项理论工作和大量的思考，组织已知经验并制作关于结构的概念。只有结构的概念能解释材料在经验中出现的必要性。

　　因此，临床不是别的，而是"联结症状和结构[1]的理论"与"精神分析家建立的经验的实在"这两者的结合。正如弗洛伊德所强调的，在此制作过程中涉及的是"不期而遇"[2]，而不只是理解。这不是诠释学问题，而是一个因果必然性的解释，它在每个人的历史中以多样且或然的方式表达出来。

　　在此后由拉康重释并发展的弗洛伊德的神经症理论中，性欲

1　跟随弗洛伊德的观点，我将主体心身现象加入其结构中。这一结构是主体的实在，是其自身之物，与康德的观点不同，精神分析试图构造一个无意识主体的科学，尽管是部分的。
2　我们要注意，对弗洛伊德而言，"不期而遇"涉及的是自由联想的工作，而不是共情的能力。

之"物"表现为由幻想所引发的症状，这一幻想包裹着冲动客体（a）的实在。那么，临床的问题就是要指出幻想是怎样如同原因一样运行的模式。

直到1918年，弗洛伊德才通过大量的个案记述，将他的知识与临床真相建立联系。相对于他而言，拉康则通过将诊断引入结构而有了革新。当然，他希望通过恰当的方式来传递临床的真相，但更为本质的是，他提出了一些（普遍的）固定公式。这些普遍的公式将所有相关个案都归入一个被视为同一种临床的类型。

比如，拉康[1]把幻想视为神经症的一个固定特征，并将它划定在两种类型下：癔症和强迫症。我们可以从杜拉个案来看拉康对癔症幻想的阐述。癔症的特性使杜拉通过一个特征认同于被阉割的父亲。在癔症那里，在自恋（- φ）引起的一个幻想中，冲动客体（a）涉及的是大他者（A）缺失之物或主体假定大他者的缺失之物。对杜拉而言，能指"性无能"以"没有"的方式建构了父亲和石祖的定位，也引发了杜拉的症状。这个思考使我们看到主体杜拉是以何种方式处在男－女相异性的男性一边。这也是她无意识神经症的选择[2]。

强迫的幻想引出强迫观念，导致思想的色情化及对思想的怀疑，并且由于怀疑而没有能力在适当的时候行动——拖拉。强迫的幻想公式是：$A \lozenge \phi$ (a1, a2, a3...)。此公式中的 a1，a2，a3 代表

1　参考 Lacan, *le Transfert, op. cit.*, p.195-197。

2　参考 Freud, *Cinq psychanalyses*, Paris, PUF, 1954。

父亲具有性意味的那些能指系列，如"屁股、粪便、秽语"，它们都被归为儿子的冲动客体。正 φ 的书写形式表示在强迫神经症中，自恋的形象等同于大他者说出的能指，它既被视为自恋形象的模板又包裹着冲动客体。这个父亲粗俗、喜欢说脏话，最后这些脏话都成了大他者的能指代表。因而，在鼠人那里产生了这样的想法，即有人在他嘴里拉了粪便，或他在别人嘴里拉了粪便，这些人是他兄弟和他母亲。这就构成了 S2。在强迫神经症中，患者完全以石祖性的方式认同于这些能指，以至于很难进入阉割中（-φ）。

对这些个案和临床进程的理解需要知识的制作，这必然会带来对症状及其模式的一个理论的而非临床的教学。这一立场使每个分析家都有任务去了解相关理论知识，例如在神经症的癔症－强迫症的模式中，分析家如何在经验和主体拓扑学中证实临床。这一主体拓扑学作为精神反思真正的普遍性[1]，对精神分析家而言如同阐释提纲那样起作用，以通道的形式将分析家引向知识的未知，也正是这一知识组织了分析家的倾听。

8.2 忧郁和主体的熵

通过自恋概念和自我投注理论，弗洛伊德在神经症和精神病之间确立了一个结构性差异。

---

1 此处我依据康德所建议的反思判断概念来评判艺术作品。弗洛伊德在《1909 年 6 月 30 日给荣格的信》中再次使用了这个术语谈论关于精神本质的艺术作品。

在他关于精神病的理论中，主体的自我是不能改变的，必须处于被主体所投注的客体位置上。如果这个投注失败了，就会出现自大妄想和抑郁的躁狂态。

弗洛伊德这样解释忧郁（mélancolie）：被母亲赋予了价值的主体形象的客体、结构稳定的原初自恋的客体，缺失了。此强烈自恋的形象被剥夺，使人感到存在的痛苦，这迫使他试图通过结束生命来停止痛苦。1916 年，弗洛伊德在关于哀悼和忧郁的理论中明确定义了，哀悼是因丧失爱的客体而引起的一个状态，是无意识的制作，其目的是接受失去这个不复存在的客体。而忧郁与哀悼的不同之处是什么？在忧郁症的情况中，丧失的客体是具有想象石祖价值的自我，它将主体置于一种无尽的哀悼状态之中。主体不能抵达其想象自恋所要求的渐逝点（aphanisis）[1]。因此，在忧郁中，悖论的是，缺失的客体（a）没有失去，而是以请求和怀念的形式而被固定下来。他所请求的客体始终是整个客体，超越了对那些交织着部分冲动的客体的幻想。这样一个客体，通过其本身的不可能性，证明了死冲动的运作。

那神经症是怎样的呢？主体对缺在（-φ）的接受带来了其自恋的缩减。因为增大了主体的能指链密度，想象中对这个缺失的感知[2]

1　为了定位这一临床现象学水平上不容置疑的差异，由于当时没有结构分类的拓扑学标准，于是弗洛伊德提出一个关于期望的分类，即自恋神经症的分类。« Deuil et mélancolie », *Métapsychologie*, Paris, Gallimard, 1977, p. 169.

2　我建议用 ressenti（感觉）这个术语作为德语 Empfindung 的翻译。参考《抑制、症状、焦虑》（*Inhibition, symptôme, angoisse, op. cit.*）的开始部分。

阻碍了主体熵[1]，并在符号不完备的地点不断地产生新的能指元素。因此，空间维度（R、S、I）的运动学产生了这样一个结构的不变性。

相反，忧郁症[2]的构造特点是能量的损失伴随着对那些生死攸关的利益的撤投注。因此，其特征是一时不能找到对缺在的替代，在主体的位置产生了极大的痛苦。然而，尽管原初自恋有缺陷，忧郁症仍能进入欲望的维度。当他最终能产生一个有意义的客体时，就能找到对这个缺在的替代，比如一种艺术活动。

我们将用复数 Z 来表示结构 Σ 稳定的函数不变性。这个 Z 表示恒定冲动推力下的客体（a）与通过能指网络元素移位（S1 → S2）而带来的推力变化之间的关系。为了理解以缺在方式存在的性驱力变化，我们需要一个数[3]来规定这个结构的不变性。将不变性融入复数 Z 之后，便赋予了性一个流动力比多的身份（或者根据拉康的隐喻，即给了性一"层"身份）。

1　拉康通过提出熵、丧失来解释这一点，这是无意识知晓的工作，它产生了享乐。Lacan, *L'envers de la psychanalyse*, Paris, Seuil, 1991, p. 57.

2　我将忧郁症从精神病的维度中提取出来，以便在神经症的维度中定位这个忧郁症。在神经症那里，忧郁症呈现为主体性的时刻。

3　Σ 是与数的理论有关的能指微分秩序。因此，我们将提出：（a）物表象的想象指自然数 ç 的离散结构；（b）不同要素的符号（能指网的要素）指有理数 Ξ 的密度结构；（c）构成能指网的能指集合这一实在，存在于一个紧致的、非微分的秩序中，连接着实数 Ψ 的结构（在 Ψ 紧致性的意义上，正如数学家们所指出的那样）；（d）实在，其能量与符号石祖的权力相连，指示着超越数这一结构，换句话说，超越数表示由母亲传递给孩子的语言所具有的符号石祖 Φ 的数学价值。关于能指网的不同构成——（R）、（S）、（I）、（σ）——与数的范畴相关联的这些标记，使我们意识到无意识实在是由数的不同结构所建构的（考虑至今仍未知的数的范畴？）。这些标记也意味着（R）、（S）、（I）、（σ）维度的交错没有占据我们空间中的一个位置（Ausdehnung），但对它的使用提醒我们，这个空间（Räumlichkeit）是被空间同质性的展开创造出的一个地点。关于这一点，参考 Gilles Châtelet, *Les enjeux du mobile*, Paris, Seuil, 1993, p. 67。

8.3　转移——精神分析家行动的地点

转移[1]和一个临床知识的制作之间的联系，只能在以下情况下被理解，即把一次精神分析治疗定义为精神分析家在主体历史中的行动。这使精神分析家能够定位没有被分析者抛弃的融合享乐，并将其转移到分析家身上。

在转移的概念中，我们要注意区分：

— 在想象的维度中，它创造了一个分析者对其分析家的爱-恨依附的关系，并能发展至引发一个自我催眠的反应。

— 转移的符号维度，在于一个联想的工作，它允许无意识的知晓以真相的碎片形式突现。这一工作的符号维度建立在对一个诉求的假设知道的信任之上。当这个转移神经症的形式变化时，这样的信任才会消失。

我们注意到，只有对分析家自恋的持续阉割，才能使他将乱伦的激情转换为爱及其分析家功能所必需的智识上的好奇心。

在转移中，精神分析家将代表这个外在的内部客体，因为他作为冲动客体等同于分析者的客体（乳房、粪便、日光、声音），也等同于出其幼儿性欲和幻想所构成的交织形态。

1　转移的消解对应着主体的一个转变，这个转变表达为隐藏于主体转变下一个空间结构的变化。自拉康以来，我们就通过两个缠绕的圆环来理解转移空间。补充主体空间的圆环空间，通过表达对假设知道的主体的信任，缩减为主体的环中心的空的部分。乱伦幻想就位于这个空之中。这个包裹着冲动客体（a）的空，拓扑地表达了转移的消解。

本书阐明了冲动客体[1]的拓扑地位。客体（a）由三种空间形态[2]——R、S、I——的交织而产生。这些空间建立了一个外部 – 内部间的连续性。外部表示丢失的快乐的原初融合；内部则表示能指元素（在神经症个案中，这些能指元素与快乐的原初融合是分离的）。

拓扑学的方法让我们理解了，在神经症和潜在的主体常态中，语言大他者的地点与原初融合快乐的地点相分离。失去的融合快乐、丢失的客体产生了缺"在"、能量的源泉，同时构成了原因 – 客体、冲动推力的客体（a）、性欲的去性化客体。

8.4 父性功能理论和临床理论的交织

精神分析临床理论本质上关联于父性功能的理论。为了便于理解，拉康[3]重新使用弗洛伊德在《元心理学》中所阐述的内容。在这本书里，弗洛伊德对应于他的父亲理论发展了两个社会关系模式。

---

1   Jacques Lacan, *D'un Autre à l'autre*, « Séminaire du 26 mars 1969 », Paris, Seuil, 2006.

2   现在，通过呈现隐藏的结构，主体拓扑对象的名字被定为拓扑结构。如球形的、环状的、克莱因瓶和交叉帽的结构。

3   Jacques Lacan, séminaire du 10 mai 1972, in *Ou pire...* inédit："明显的一个事情是：弗洛伊德在关于'全部'这一概念的思考中，有一个关键特征。他从古斯塔夫·勒庞（Gustave Le Bon）这个傻子那里继承了群体（foule）这一概念，用于标识'全部'。他在那里发现了一个'存在着'的必要性，这并不让人吃惊。在这种情况下，他只能看到他表达为'一划'的方面。这个'一划'与我今年通过'存在一个'来试图接近的东西毫无关系，也没有办法做得更好，这就是我通过'或者更糟'所表达的。所以，我用副词来表达它也不无道理。我要立即指出：'一划'就是那个使重复得以这样显示的东西。重复没有建立任何'全部'，也没有认同任何东西。如果我能这样讲的话，是因为这里的同义反复无法有起始。这样，用'群体'这个词来翻译的心理学就错过了在此需要一点儿运气才可能看到的东西：是'并非全部'的本性将其缔造，而这一本性正是加上引号的'女人'的本性。后者对鼻祖弗洛伊德而言是直到最后才构造出来的问题，即女人想要什么的问题。关于此，我已经跟你们谈过了。"

我们可以视其中之一为横向模式。通过对自我理想的认同，将男人们联系起来。这是社会关系必不可少的、升华了的同性恋部分。弗洛伊德指出，这样一个联系是对谋杀父亲在道德与文化上的继承。同时，他提出了同样以群居关系运作的社会关系模式，但并未制作清晰的理论。这个群居关系的源头位于对父亲的谋杀的结构性功能之前。在这个围绕着父亲的群居关系中，民众不能被视为一个集合，而应被视作一个个体，一个统一体。

拉康在这样的原初联系中看到了与想象父亲的关联、与一个幼儿夸大狂的关联。围绕着这个想象父亲，幻想的客体（a）得以构成并转换为一群可被视作个体化的民众，一群乌合之众。而聚集的民众之间联系的功能是被自我理想的多样性所结构化的。这个双重功能辩证法的建立结束了个体和集体的社会学对立。拉康阐明了主体、个人或民众、集体或个体的模式差异，同时指出了两种不同的享乐类型：

（1）一个是大他者享乐（JA），这是必须放弃的享乐。这个享乐将集体简化为一个困于融合享乐中的存在，简化为一个个体，就像"他们整齐划一"。

（2）另一个是石祖享乐（JΦ），与集体相反，它是个体化的。

9

忧虑、焦虑和抑郁

在发展了无意识理论并澄清恐惧症现象之后，弗洛伊德又在《抑制、症状与焦虑》[1]中修改了他的焦虑理论。

他在文中区分了连接于创伤情景的焦虑和为主体预告某情景潜在的创伤性特征的焦虑信号。此后，弗洛伊德将真实的焦虑[2]，即面对外部事物的感受，与源于无意识的神经症性焦虑区分开来。他阐释说，一旦主体返回一个自淫幻想情景（在该幻想情景中，被禁止的乱伦融合请求实现了），神经症性焦虑便被再度激活。神经症性焦虑不同于转为恐惧的主体性焦虑。这些情况都呼吁修改支持转移的框架和实践。

这揭示了在每个人的精神结构中某个突现的恐惧症时刻：在这个时刻，孩子没有从与父母的融合关系中脱离出来。在这过分靠近的情景中，孩子总感到被强大的爱或恨的情感所侵袭，这样

---

1 参考 Freud, *Inhibition, symptôme, angoisse, op. cit*。这里我们要将精神分析的临床与那些忽视焦虑和主体性真相之间的联系的临床相区分。因此，我将自动焦虑问题放一边，将惊恐发作视为焦虑的外在结果。

2 参考 Freud, *Introduction à la psychanalyse*, (1917), Paris, Payot, 1976。

的情感让他焦虑[1]。这就是我们所称的乱伦，它可被理解为一种主体性事件。这些爱恨情感的影响迫使主体去自我惩罚、用焦虑来取代攻击性[2]或恐惧症的恐惧，正是这种焦虑废除了主体。根据每个主体的历史，恐惧症的恐惧可以转化为神经症或精神病。从这个观点来看，恐惧症指的是主体构成的某个时刻，即俄狄浦斯的时刻，当性密码和结构的最终确立变得更加清晰时，恐惧症便消失了。

为了阐明这些要点，我用"小汉斯个案"作为例子[3]。在此个案描述中，弗洛伊德指出小汉斯面临被父亲阉割的焦虑。这一焦虑并非源于现实，因为汉斯的爸爸其实很爱他。但这个孩子陷于与母亲的融合中（母亲让汉斯跟她一起上厕所，和她一起睡觉）。由于假设了父亲的嫉妒，具有融合意味的亲近便使汉斯产生了焦虑。为了使之变得可以忍受，这个焦虑转换为害怕：害怕马咬他的生殖器，害怕马倒在他身上并将他杀死。

那么，汉斯焦虑的是什么？他焦虑的是阉割。与失去生殖器的恐惧相连，意味着他恐惧失去其无意识形象的自恋部分，通过这个部分，他以幻想的方式与一个代表父母大他者的客体融合。因此，乱伦的激情、自恋的激情和一个自淫幻想的制作混杂在一起。大他者在这个混杂中通过自恋形象而被缩减为一个部分客体

1　一旦幼儿性欲的创伤痕迹由于父母客体的太在场或太不在场而被激活，都会使焦虑产生。
2　焦虑和攻击性是相互排斥的：在攻击行为中，主体不会感到焦虑；一旦他被感到的焦虑所俘虏，其攻击性便丧失了。
3　Freud, « Analyse d'une phobie chez un petit garçon de 5 ans », (Le petit Hans), in *Cinq psychanalyses*, Paris, PUF, 1954.

的形象。在这种情况下，主体对假设的大他者请求的感知构成了焦虑。该请求[1]之所以使其焦虑，是因为它促使主体去推测被请求的客体，而这样主体就必须放弃他的存在。

神经症性焦虑的解除在于通向欲望，放弃对父母大他者所缺失的客体的自恋性认同，以便在符号意义上去欲望他的缺失，即他所假设的父母大他者的缺失。被无意识切分的主体就这样被限定在一个对欲望的幻想[2]中。

因此，在欲望中，客体（a）不再被包裹在自恋形象中，而是在其之外。主体因此从激情－爱过渡到欲望－爱，过渡到对自恋（-φ）的超越。这时，客体根据某些包含符号石祖 Φ 而非想象石祖的能指元素来构造其结构，由此客体从自恋形象中消失了。这便是被缺失（-φ）所标记的自恋。

1　我们用 d ◊ a 这一书写来形式化这个主体性的运动。
2　欲望的支撑性幻想的形式化书写为 $ ◊ a。

10

自　恋

10.1　与能指变化相连的一个性的（力比多）概念

从根本上说，弗洛伊德定位了赋予认同元素动力的"冲动的移置"，并用力比多这一术语将其概念化。冲动，作为恒力且"因其与身体的关联而加诸精神的工作所需的度量"，在我们今天命名为 S1 → S2 的网络中引发了能指元素的移动。弗洛伊德的天才在于他赋予了冲动的特点一个主体身份，即在意识和无意识这两个地点间被切分的主体。这一切分建构了本质上作为缺在[1]的且倾向于通过幻想来客体化自己的"结构化主体"，然而这个幻想并不能将这一缺在的结构缝合。

为了展现弗洛伊德的进展[2]，我们要展开关于力比多概念的功能和理论的对应：

（1）弗洛伊德所命名的力比多是性欲的，是一个难以抑制

1　在《晕厥》中，拉康指出石祖以其功能切分了结构的空间。被接受的缺在、切分允许欲望的支撑性幻想出现；相反，自淫幻想旨在缝合缺在。

2　我们可以参考《精神分析词汇》（ *Vocabulaire de la psychanalyse* ）中关于"力比多"的文章。

的趋向。也就是说，是一种旨在找到缺在之替代物的冲动。这一缺在是主体生命伊始，由母亲给孩子带来的挫败所创造的。

（2）关键进展，弗洛伊德指出性的特点是寻找缺在的替代物，并将此命名为自恋。这个概念使精神分析的理论变成了主体的理论。由此，弗洛伊德使自恋成为人类性欲的基础，以自我力比多或客体力比多的形式呈现。

（3）在一个渴望着存在的主体那里，缺失并非像荣格在他对弗洛伊德的反驳中所断言的那样是一般意义上的能量。这是一种因满足感缺失而产生的性能量，是对各种满足的寻找。

（4）通过解释自恋建立在自我形象的石祖性条件之上，拉康进一步发展了弗洛伊德这一关键进展。如同神经症所显示的，自我形象只能在自淫幻想中处于想象客体的位置。或者采用符号的形式，即一种欲望的幻想形式，当与能指游戏相连时，幻想试图与石祖能指 Φ 相联结。这个石祖能指 Φ 是所有价值的源泉，通过等价于主体原初构建时所丢失的满足，也成了欲望的能指。

因此，若遵循弗洛伊德的观点，承认力比多是"在精神生活中的动力学表现"[1]、性的表现，那么就必须确定其模态。

10.2 最终符号权威与符号石祖 Φ 之间的联系

经验心理学为了定义性欲或需要，而依赖于现实客体。与此

---

[1] Freud, « psychanalyse et théorie de la libido », GW XIII, 220.

不同的是，精神分析赋予了性冲动客体一个存在的身份。这里，客体被构想为满足缺失的一个形态和克服这个缺失的一个方式。

这个客体是部分冲动转置[1]的结果，而这个部分冲动的转置是由对幼儿自恋的阉割所带来的：要么由于母亲在断奶期[2]强加于孩子的挫败；要么由于在俄狄浦斯期父母的符号功能带来的阉割。

弗洛伊德还发现冲动的负载是从一个部分冲动转换到另一个上的，遵从广义性等价的规则。这样的话，阴茎：

——它是已经在童年期就被标记了的自恋客体[3]；

——它作为可与身体分离的一个客体而被确认[4]。

弗洛伊德将可与身体分离的那些客体命名为石祖。现在，我们给予石祖一个在身体之外的能指身份，即符号石祖 Φ[5]的身份，连接最终符号权威的能指。我们可以将它定义为对缺失的满足、与享乐等价的一个能指，以及母亲欲望的所指。石祖术语的选择在现代科学的文化范畴中变得合理，并且在存在石祖崇拜的希腊神话和文明中获得了它的部分起源。

---

1 Freud, « Sur les transpositions de pulsions plus particulièrement dans l'érotisme anal », (1917), *La vie sexuelle*, PUF, 1992.

2 我们承认挫败能指的创伤性涌现如同缺有，阉割能指的涌现如同缺在，它们以有限的方式引起了能指元素集合的一个无穷小转变。

3 Freud, *Trois essais sur la théorie de la sexualité*, (1905), Paris, Gallimard, 1978.

4 Freud, « Sur les transpositions de pulsions plus particulièrement dans l'érotisme anal », (1917), *La vie sexuelle, op. cit.*

5 参考 Lacan, « séminaire du 20 janvier 1971 », in *D'un discours qui ne serait pas du semblant*, inédit.

怎样理解说不之名不是超验性权威原则，而是连接于欲望客体本身的呢？我们必须记住"无意识－主体"是伴随着一个缺在的主体化而产生的，也就是说，是由于融合享乐的丢失而产生的体验。因此，缺失从一开始就作为"无意识－主体"的驱动而显示出来。在这个最初时刻：①主体开始存在；②主体感到存在的缺失；③最终主体化为一个可能去填补缺在的客体。这个客体正是母亲欲望的客体，对孩子而言，既如同母亲欲望的欲望，又如同能克服缺失的一个享乐的念头。在那里，符号石祖 Φ 具有两个方面：既是欲望的能指，又是假设能克服缺失的一个享乐的能指。然而，这个能指，即符号石祖 Φ，不是别的，正是说不之名。在这个概念下，性享乐最隐秘之处在于像缺在那样充当第一发动机的角色和一个无穷大的生殖力的角色。这就是为什么必须将说不之名的定义与生殖力相连，并记为（n +1）[1]。我们用拉康在皮亚诺公理中给后继者（n +1）赋予的生殖功能来解释这一点。我们在这里介绍这五条公理的其中四条。第一条公理提出，存在 0 这样一个数，我将其对应于作为全能的原初父亲的存在、幻想的原初场景的存在；第二条公理指出，一切自然数都有一个后继数，我将其对应于存在一个自然的或社会的亲代问题；第三条公理认为，所有的后继数都是一个与 0 不同的自然数，我将其对应于存在一个代际的断裂这一问题，由原初位置上父亲的存在和"+1"位置上母亲的存在而产生；第五条公理指出，在这个数

1　在此感谢精神分析家米歇尔·坎农，我在她关于这些问题的研讨班中找到了理论支撑。

的序列中始终存在一个更大的数，即（n +1），我将它对应于代表后继者功能的孩子，这个后继者代表着（+1）的存在，其目的是允许我们去面对（而非填补）享乐的剥夺，而我们所感到的享乐剥夺的痛苦是因享乐的创造物的现实性带来的。（第四条公理在精神分析中没有对应。）

超越俄狄浦斯情结需要主体放弃认同于自恋的部分客体，这个自恋的部分客体是根据每个人[1]的乱伦幻想模型而建构的。

10.3　石祖的功能和自恋的形式

自恋概念的引入使弗洛伊德重新阐释了他的心理学。这就是后来用法语翻译为自我－主体心理学（Psychologie du Moi-sujet）的自我心理学（Ichpsychologie）。他从精神病和神经症之间的临床差异出发去思考自恋：精神病是自恋的[2]，而神经症的自恋是可以通过转移而改变的。

在精神病那里，自恋是没有被缺失所标记的。因此，冲动的客体没有连接到这些维度——（R）、（S）、（I）、（σ）——的固定空间的延展中。主体的自我认同于冲动客体，这一客体构建了夸大狂、忧郁症或妄想狂的主体。由此，主体所有的认同都变得不稳定，自我始终处于与客体（a）的融合状态中。相反，

1　参考我的著作（*Sur la différence entre la psychanalyse et les psychothérapies*, NEF, 2004）中鼠人的例子，他对想象客体"阴茎—肛门—老鼠"的认同。

2　从拉康开始，这个观点就发生了改变。参考 Jean-Gérard Bursztein, *Psychose et structure*, NEF, 2005。

在神经症中，主体以被切分的形式呈现，即在附于（R）、（S）、（I）、（σ）维度上的认同的延展与客体（a）的极点之间被切分。

为了澄清被缺失标记的神经症的自恋与没有被缺失标记的精神病的自恋之间的差异，我们可以区分出在向孩子传递结构的过程中是什么起了作用，而它在自闭症个案中又有何不同（我更倾向于用幼儿精神病这一术语来表示）。

结构的传递是从母亲传给孩子的。当一个母亲通过她的目光、声音来赋予她的孩子石祖价值时，这个传递就发生了。她的触摸、照料都体现着符号石祖 Φ 的在场，这是身体之外的能指。那么，主体将透过他的欲望来瞄准母亲的欲望之物——石祖 Φ 的价值，这是结构建立的条件。母亲和孩子间的这些早期关系构成了孩子的自恋，并且这一切将母亲变成了大他者。结构的传递中所涉及的符号石祖 Φ 代表着能指[1]，它作为对因无意识 – 主体的建立而失去的快乐的融合的一个替代。

幼儿精神病的情况则相反，由于母亲没有足够赋予孩子石祖价值，她便不能传递给孩子身体之外的能指，即符号石祖 Φ。而这个符号石祖是允许身体的像得以整合的必要条件，因此，如果孩子没有这个“缺失”，没有这个原初自恋构成性的条件，结构就不能展开。孩子仍然是与母亲交流的自淫客体的俘虏，因为这些交流没有使母亲成为第三方，即一个大他者的在场。由于孩子

1　石祖 Φ 的能指表示一个超越数。拉康用这个黄金数（即黄金分割）的概念来表示一个这样的数如同一个结构的生成中心一样起作用。这些表面的结果被主体感觉为来自内部的冲动推力。

不能成为认同于母亲幻想对象的主体，当他理解性密码时，便不能在幻想中通过压抑而放弃其幼儿性欲。这样，孩子始终被囚禁在令其焦虑的一个爱欲中。因为没有被母亲投注，没有被母亲话语所携带的能指异化，主体便不能将自己与母亲般的大他者相区分，也就不能与之分离。这就是为何这个小主体仍然被困在连续的自淫中，以及因对母亲般客体的认同而产生的焦虑中。他不停地自我伤害，以便在其身体中将自己与没有被符号化的母亲的在场相分离。

而在精神病中，石祖性的来源缺失了；由此，冲动不再是源于身体之外的能指 Φ，而是依然被语言能指捕捉[1]在"被投注的器官"的想象中。弗洛伊德发展了"作为器官的语言"[2]的概念来指示这个精神分裂的典型特质。

神经症的情况则正好相反，自恋是由缺在所构成的。这些结构维度的出现允许了对缺失的替代的寻找，虽然这个缺失不可能被填补。石祖功能在那里成为冲动的组织者。

通过将自我理想与理想自我区分，弗洛伊德从他的自恋理论

1　Freud, « L'inconscient », *Métapsychologie, op. cit.*, p.115: "在精神分裂症那里，他们的词从梦的潜在思维出发，都归属于与产生梦的图像的同样的过程，这一过程我们称为原发心理过程。这些词都被凝缩和被完全地相互转换，对这些词的投注也被移置；这个过程可以走得很远，以至于一个单一的词都可以承担整个思维链的功能，因为无数的联系都适合这个单一的词。"

2　Freud, « L'inconscient », *Métapsychologie, op. cit.*, p.111-112: "以一个意外的方式，我们似乎遇到了我们在那里所找寻的东西。在精神分裂症那里，尤其在其具有启发性的早期阶段，我们观察到大量的语言的变化，其中一些值得我们去特别考虑。他们特别在意自己的表达方式，这个方式被斟酌、修饰。结果句子的结构变得极度缺乏组织使人难以理解。在这些谈话中，有与身体器官或身体的神经支配的一个关系。关于这一点，我们可以再补充一点：在精神分裂症的症状中，它们与癔症或强迫症的替代物的形成类似，然而，在替代物和被压抑之物之间的一个关系显示了一些在两种神经症中令我们吃惊的特征。"

中得出了一些结论。在 1915 年的《冲动及其命运》[1]中，他将结构中的主体命名为自恋的主体："自恋的主体通过认同来与另一个自我进行交流。"

引入石祖作为自恋的想象客体或符号性参照，便带来了一个区分——冲动的原因与认同游戏（想象的或符号的）之间的区分。这样，精神分析治疗的结束就在于将想象的和符号的维度的那些理想从冲动推力的游戏中解放出来。

10.4　主体在意识和无意识间的切分

压抑的概念意味着主体与客体之间冲动的区分和联结。拉康将其公式化为：$S \Diamond a$，其中 S 表示主体的切分，锥体 $\Diamond$ 代表主体被冲动的客体（a）所切分的一切方式。

正是采用自恋的理论，弗洛伊德才表达出神经症与精神病之间的结构差异，进而发展出主体与其自我[2]的理论。我区分了"像 <i>"（它构成结构固有的自恋），即在复杂的实在的本质中不可缩减的主体形象，以及主体的自恋形象 i（a）（它在大他者的镜子中形成）。由此，我将重新阐述弗洛伊德的原初自恋和次级自恋的概念，并去掉所有发生学的观念。

拉康提出，"自我完全如同主体内部的一个症状那样构成，

1　参考 Freud, « Pulsions et destin des pulsions » (1915), *Métapsychologie, op. cit*。

2　关于自我，应当完全不同地去思考，而不是从弗洛伊德关于自我的理论出发，像某些后来的弗洛伊德派那样歪曲地理解为适应现实的中心，通过"强化自我"这样可笑的临床指示来实现。

它仅仅是一个特殊的症状，是地道的人类症状，是人的精神疾病"[1]。弗洛伊德没有明确这样说过，但他已很接近这层意思。所以，在1938年《在防御过程中自我－主体的分裂》一文中，他质疑了他所发展的理论的必要性："这是很久以来就被熟知且不言而喻的，还是全新的且令人困惑的？"[2]

后来他确认这是新的主题，因为自我－主体的分裂（Ichspaltung）必须考虑一个裂口，一个在主体内部的切分（Spaltung, clivage, division）问题。

这样，当我们首先将这个分裂带入不知的知晓中，再带到被切分的主体中（即在意识和无意识之间，主体被不断切分）时，无意识概念就被精确化和重构了。由于无意识在欲望和请求之间的切分，被压抑的无意识元素被当下的某些思想不停地激活。这就是为何无意识元素在治疗中能像知识那样变得可解释。

被切分的主体这个概念不仅指示了结构的二分，即在其意识和无意识的运行模式之间的二分，还指示了由男性部分和女性部分构成的双性恋[3]的二元性。

因此，这个无意识主体／被话语切分的主体，就其所暗含的一个享乐模式理论而言，不仅是精神分析理论的一个元素，还构成了认识论的范畴，这个范畴产生了意指和特别的意义。

1　参考 Lacan, *Les écrits techniques de Freud*, Paris, Seuil, p. 22。

2　Freud, in *Résultats, idées, problèmes*, Paris, PUF, t. 2, p. 283.

3　只存在唯一的性欲，在两个位置上被切分，即男性的位置和女性的位置，这是对整个主体而言的（不是一个双性性欲）。

11

转　移

11.1　弗洛伊德发现一种不同于其他所有心理治疗的进程

在 21 世纪初，我们的情况不再和弗洛伊德那时一样。我们接受了这样一个观点，即精神分析是由痛苦引发的一个话语经验：这个痛苦源于鲜活的身体与语言的主体性组结（R, S, I）之间的同一性问题，主体和症状就存在于这个语言中。

然而，始终存在以下问题：这个经验是如何起作用的？其方式是什么？其结果的本质和目的是什么？

弗洛伊德从一开始就确定了这个方式的最小元素，即自由联想，以迫使分析者讲出头脑中真正出现的，便于分析家能够解释并为分析者指出一个真正虚幻的构建，正是这个构建表达着乱伦幻想的实在。但是，经验告诉我们，除了自由联想这个指令之外，没有什么更有约束力。然而，我们仍然无法让分析者把一切都讲出来。因为在主体那里存在着一个抵抗[1]，这个对联想的抵抗不仅仅源于其自我。我们觉察到同样的问题在重复，并迫使我们在同样的道路上不停地重复，却无法准确地道出是什么问题。面对这个必须讲出来的强制，我们坚信主体是欺骗性的。然而，也是在这里我们找到力量：去谎称我们知道真相。

为什么将精神分析的转移与欺骗相联系呢？又是与什么欺骗相联的呢？是与结构的欺骗性相联。因为神经症性的"相信"可以被这样描述：一个主体相信除他之外，还有一个他者、一个机构或一个存在知道关于他的一切。我将神经症所相信的这个存在定义为非不完备大他者（A）。

因此，精神分析家将被视为分析者产生的无意识形式的代表。那么精神分析家便是那个愿意支撑这个欺骗的人，以便这个欺骗能通过产生以下两种真相而得以消除：

— 知识并不是与自身分离的，而是部分地在自身中，尽管它在性别认同和无意识幻想的层面上都没有最终的定义。

— 对知道他一切的大他者的相信始终都与无意识的性幻想相连，这个幻想则是关于那些被视作假设知道的大他者的人。

因此，对于"必须说出在头脑中出现的一切"的指令，精神

1　拓扑方法使我们理解了，抵抗表现为对一个能指的隔离和对其邻域功能的抵抗，以及对无意识网络的其他能指相互连接功能的抵抗。这样一个过程是强迫症的原型。它显示了在能指网中一个分离的拓扑实体的存在。

分析家不会对分析者让步[1]。此外，这个指令不停地由沉默传递给主体。主体在其身份中不断隐退，在无意识认同和对结构的惯性、乱伦幻想的不变性的服从之间被切分，这个乱伦幻想产生了他不想知道的一个满足。

而这里的难点是分析者和关于他的真相之间的关系。也就是说，对于必须说出那些出现的无意识的知晓，他能服从吗？或者由于自恋或虚弱、由于防御、由于结构的无能为力，他会拒绝说出吗？我们看到在精神分析中，不存在一个对所有人都适用的自由联想方法，因为后者源自对每个人内心真相之现实性的忽视。

但是，有时主体——无意识认同的对象，也是乱伦幻想的对象——会想知道这个关系到他命运的东西。这个想知道的欲望促使他去求助于精神分析，求助于一个假设知道的他者。因此，这一必要的转移是为了带出精神分析的工作。

11.2　精神分析的转移及其设置

若没有弗洛伊德所命名的转移的建立，精神分析既不可能存在，也无法开始。精神分析的过程包括无意识 – 主体的两个构成性工作：异化和分离。这个转移关系是一个新的异化，它必须产

1　参考 Lacan, « séminaire du 4 juin 1969 », *D'un Autre à l'autre*, Paris, Seuil, 2006："沉默、什么也不看、什么也不听，难道没有让我们想起，在不同于我们的另一种智慧中，对那些想得到真相的人所指示的术语吗？当我们发现这些戒律的意义与精神分析家的位置存在相似性时，难道不会奇怪吗？但精神分析的背景还是给出了这些独特的效果。这个沉默使声音被分离，后者是说话带来的言说的核心。这个'什么也不看'，是与目光的分离，后者是全部或者至少是被看到的全部东西的结点。最后，对关于欲望在其中滑过的这两个要求'什么也不听'——正是这个欲望下达的命令——推动着它去承担乳房或者粪便的功能。"

生能让分析者的神经症变成一个转移性神经症的结构，与之相应，他的主体结构也变得可以自我转换[1]。随后，分离则是通过这一过程去改变在转移中主体所呈现出来的乱伦自淫幻想。

精神分析的过程和设置必须与这个宗旨一致。分析的规律性及其时长都应当根据分析家的知晓而变化。问题不在于对形式化设置的遵守，而是源于共识，同时必须抛弃只涵盖意识形态观念、社会表象的标准化治疗理念。首先，因为治疗并不是精神分析的最终目的。既然精神分析最终瞄准的不是治愈，那是什么呢？是使主体转到欲望的水平上[2]。其次，弗洛伊德的实践不是标准化的，而仅仅是适合他的。然而，精神分析的历史显示，精神分析共同体中的一个重要部分还局限在治疗标准化的这个假定中。

当拉康摆脱了这个负担和不足时，他才有可能按照理论的一致性、行为的必要性，并视每个个案的不同情况去明确这些设置的特性，以便维持行为的强度。因为每次分析的时间不能根据外在于行为的医学伦理学规则来决定，而应该取决于真相的出现。这个真相被包含在无意识 – 大他者所说的话语中。在想象中出现的时间应当被指向分析者能指元素的移动。

当这一过程发生时，分析者关于真相的话语是对不存在的大他者说的。因此，正是通过这个不存在的大他者，分析者能发现

1　根据拉康在《晕厥》中的观点，自动转变的问题涵盖了一个特殊主体性空间的建立，我们可以通过十字交叉帽的拓扑学来思考这个主体性空间，即可以通过切分的操作而商化（quotient）的一个结构。这样一个操作在空间维度里表达了在主体性中乱伦幻想的缩减。
2　这个转变表示通过其治疗，主体最终能对质享乐的差异：大他者的享乐（JA）、石祖的享乐（JΦ）并最终选择能支撑其欲望的这个享乐。

他自己的讯息：他对于小他者有利的和不好的意图。

通过大他者辞说确定了语言的结构，这个结构符号性地强加给每一个人。在语言中出现的该符号性指令，引出了一个俄狄浦斯的想象。透过该想象，在一个操纵着他的大他者形式下，主体以不同的模式建构了一个想象、一个幻想去装扮他的异化。要么是作为一个停留在主体那里的实在的大他者，它能标记身体（银屑病、溃疡、头疼）；要么是作为位于男－女内在相异性的符号维度中的大他者。

由分析家以悖论性方式支撑的这个无意识－大他者——提供着如同身体那样的在场，以回应分析者对爱的请求，并引起了无意识的关闭。这就是转移的想象维度。但是，精神分析家还有两个功能：假设知道的主体和能最大限度地脱离物质躯体的主体。事实上，精神分析家被分析者视为"假设知道的客体"和被幻想的客体（a），前者在治疗的辩证法中位于莫比乌斯带绞合的边上，而后者则在莫比乌斯带内在的空间中。如图9所示：

图9　精神分析家的位置：作为理想／作为客体（a）

分析家的撤退行为带来了分析者在自由联想形式下无意识的打开：这一次便是转移的符号维度。因为"无意识的打开"的概念表示能指间邻域的成功运作，"无意识的关闭"的概念则表示能指间邻域趋向于零。

因为作为言说结果的"无意识主体"必须先行处于意指中，意指又回溯性地强加给主体意义，正是通过这个意义主体得以构建。在这一点上，分析的切断打断了辞说意向性的自然进程，从而能揭示出大他者的性意义。我们将此命名为解释性切断。它发展了弗洛伊德命名为解释的东西。现在，我们理解了在治疗中，有效的解释性切断要在结构的三个维度——（R）、（S）、（I）——中进行：

（1）在实在（R）中，参照父母的性关系，孩子幻想了假设的大他者享乐。

（2）在想象（I）中，由母亲传递的融合想象。

（3）在符号（S）中，涉及由母亲确认的父亲。

在这样新的阐述下，很显然，解释的任务并且近乎是整个解释的任务都转到分析者身上。

解释性切断的操作能使一次分析的结束与无意识的打开这一目的相协调，因此分析的结束与分析者的辞说有不可分割的联系。当然，不是所有分析的结束都能遵守这种逻辑。事实上，尽管很明显我们必须思考分析频率的问题，但每次的结束都必须给予一个固定的时间，这既可笑又愚蠢。

无意识如辞说一样是由乱伦幻想的驱力所产生的，必须通过我们称为精神分析的这一特殊设置穿越它。我们还要知道如何通过转移来处理这个问题：因为如果精神分析家扮演着假设知道无意识的主体，并促使无意识打开，那么与此同时，这个转移的爱会使分析者想得到爱的回应。这导致后者不愿暴露那些所谓令人羞耻的卑劣事物，导致无意识的关闭。正是由于不知的知晓与理论知识的连接，精神分析家的"知道－行为"才能在无意识于话语中打开之时听见它。这才是一个精神分析家所期待的，而非社会期望的时间。

整个精神分析家的艺术不在于客观化分析者的辞说，而在于去倾听这个辞说的讯息，并将这个辞说以适合的方式，在一种修改了的甚至颠覆的形式下反馈给分析者。必须绕开主体的客观确信。同样，在任何情况下，分析家都不能将分析者在转移中的位置客观化，以使其不会阻碍转移所带出的精神分析工作。分析家的艺术不是去分析抵抗，而是要利用抵抗。因此，如同弗洛伊德在《精神分析引论》中指出的那样，无意识过程是在压抑和抵抗之间的一个连接。抵抗，对伤害自我自恋的回应，这个自我自恋是没有被缺失所标记的，抵抗超越了分析者的自我和精神分析家本人。不以想象和二元的方式做出回应，以便让精神分析家保持在工作转移的范畴中，避免掉入反转移。治疗的结束将通过一系列欲望的幻想替代自淫幻想来表达。因此，转移的解除就是要终止乱伦幻想。在这个意义上，一个精神分析的结束是转移的解除，即解除导致分析者在无意识中相信一个假设知道的主体[1]的这一转移。大他者缩减为仅仅是一个空的超验性[2]，即既不懂恨也不懂爱。

1　17世纪笛卡尔和斯宾诺莎之间的辩论在于：对笛卡尔而言，大他者是数学真理的保障；而对斯宾诺莎而言，真理的一致性和它们的联系使之无须再去相信一个对超验性存在的构想。对他而言，确定性使关于大他者的这个假想被省略了。

2　被概念化的空的超验性是被划杠的大他者，记为 $S(\bar{A})$，而非可笑地提出的某种"古老的先验性"。

12

治疗中主体的转变过程

12.1 精神分析家倾听的理论经验

精神分析者必须说出真相，是这里涉及的最基本的规则。对那些接受了要说出一切的人而言，由于口误和自由联想，言说在经验中得以构成并呼唤一个解释。这个解释不是对意图所作出的，而是针对被不断切分的主体。然而，并不存在解释这些话语的方法或一种足够轻巧、模糊的指示形式来引导精神分析者走向其糟糕的存在。

那么，该如何解释呢？这里的问题不是诉诸精神分析家的伦理，也就是说，这里有一个倾听的职责。对精神分析家而言涉及的是知晓分析者幻想的欲望。在精神分析中，分析家的这个欲望支撑于对获得的知识的确信之上。也正是这个对获得的知识的确信使他——精神分析家诞生了。在此条件下，被这样倾听，也就是被阅读的无意识，能被打开并讲出来，而不再关闭。

因此，一个人作为精神分析家，其工作只能在归纳出一定知晓的前提下。而这个特定的知晓以某种特定的方式引导精神分析者。而"江湖术士"，即缺乏知晓却自许为精神分析家的人，将不停地犯错直至他自己无法再继续。然而必须承认，我们不能传递精神分析的艺术和实践方式。治疗的方向是风格问题，它既是独特的又是科学的。尽管如此，我们也不能由此推断，因为它不可传递，所以不可言说。恰恰相反，正因为有一套非常清晰的理论来解释什么是精神分析的治疗、它的目的是什么，以及最终能得出结论的方式，任何精神分析家都能借助这套理论和对它的教学，在实践中获得一定程度的自由且达到炉火纯青的地步。只要打破常规，依靠其通过理论所了解到的自己不知的知识，每个人都可以创新，这个经验也可以传递。

然而，值得注意的是，精神分析家的倾听的特点，以及与其他类型的倾听的区别就在于精神分析的理论（外部因素）和对乱伦的知晓（内部因素）。只有在这种情况下，精神分析家能够在被说出的话语中辨认[1]出隐藏的幻想。因此，倾听是一个理论的经验，在其中我们必须同时辨认出主人的能指和主要的超我的能指，因为这个超我的能指导致了分析者的神经症取向并引发了他的乱伦幻想。

1　精神分析的倾听是对能指的阅读。这个倾听是在治疗工作中转移产生的结果。"知晓"这个产物对分析家和分析者而言都是必须的。在任何个案中都不涉及从无意识到无意识的一个交流。正是为了支撑这个"无意识间交流"的神话，某些分析家掉进了一个反转移的想象性膨胀中。由此做出的一些不恰当的解释会损害分析者的信任，并将导致分析关系的破裂。

　　在任何情况下，倾听[1]（这个倾听是精神分析家从分析者所带来的材料出发的构建－思辨）都不能被理解为像电话交流模式那样的"从无意识到无意识的交流"。共情[2]概念充其量不过是对小他者的想象性接近，或者更糟的是，来自治疗师过多的投射。心理学中的这两个人[3]将转移简化为一个单纯的人际互动，把主体性简化为简单的意识。这种心理治疗的意识形态证明了精神分析作为一种特殊经验的消失。而这种特殊经验恰恰意味着一个理论制作，即对在无意识的知晓中出现的真相的产物的理论制作。

　　在倾听的理论经验[4]中，形式概念的使用不是类比，而是概念的一个表达。这里的数学参照由于被分别纳入"知晓－不知"、已知的知晓和精神分析的理论中，因此这个参照反过来也制约着精神分析经验本身，在治疗的方向中引导着精神分析家。在这个意义上，精神分析经验对因果关系的思考，旨在部分地揭示其中所暗含的拓扑学。

12.2　"无意识－主体"，"知晓－不知"

　　我们发展无意识－主体概念的内涵，以阐明为何要将无意识特征化为"知晓－不知"。

1　倾听也不是闲聊的心理治疗的增值；相反，倾听瞄准的是，使甚至是迫使分析者隐秘的实在部分中不可能讲出来的东西出现。
2　如同某些美国精神分析家所说："共情不是别的，而是一个可怜的谬见。"
3　指的是心理咨询或心理治疗中的咨询师／治疗师与来访者二人。——译者注
4　经验显示，如果精神分析家在他的倾听中什么都没有听见，那么就会使其分析者兜圈子并因此增加其不适。

（1）主体不是别的，正是能指链元素联结的结果，我们跟随弗洛伊德将之命名为无意识。

（2）这个主体，由"知晓－不知"所构建[1]，不是一种思考：主体不思考，而是通过幻想去被动思考它的不知，即通过对客体的认同，这就是拉康所公式化的：$\$ \lozenge a$。因此，这是个没有反思的知晓，由幻想的性意义而产生的知晓。在第一个形式下，幻想被称为自淫，它使"知晓－不知"发挥了想象的意义。第二个形式是欲望的支撑性幻想，代表了第一个形式的一个变形。在"知晓－不知"与能指符号相连时产生，并以转换的、积极的、升华的症状[2]形式表达出来，这种形式的幻想允许主体在生活中维持其欲望。

"知晓－不知"是能指链的一个结果，是一个能指（S2）对另一个能指（S1）作用的结果。第一个能指（S1）作为第二个能指（S2）带来不同意义的出发点和接收点。第二个能指（S2）指示着大他者的功能，如同《圣经》中的上帝那样，命名事物并赋予其意义。因此，经由母亲这一大他者，孩子——客体 X——就变成了"狗蛋儿、乖乖、小不点儿"。母亲的这些命名产生了一种不断纳入无意识的、不可缩减的私密义惯常的性意义的可能性。

我们用（S1）、（S2）来表示母亲的命名。其中（S1）指示着母亲命名的第一个标记，它讲述了在母亲的不知中，她的孩子

1　因此，一个感到被安置在女儿位置上的分析者，就会不断想起其母亲称其为"我的女儿"。我们可以说，"女儿"这能指相对于作为假设的无意识知道的母性大他者而言代表了主体。
2　拉康将转变的症状命名为圣状，代表情感部分、痛苦部分和在意义上不可缩减的享乐部分。

作为客体（a）以何种方式填补了她"存在的缺失""拥有的缺失"。这将构成无意识主体的基础性认同，主体在他的整个一生中都将通过主人能指而被异化。神经症，不论男人或女人，为了获得一点自由，都只能求助于符号化那些来自能指的表象，而不是去追随在想象中意义的结果。

转移的功能是建立在能指（S1）→（S2）这个二元性要素的基础上的。的确，由能指（S2）引出的无意识意义构成了关于精神分析家的假设知道。

定义"无意识主体"为"知晓－不知"的这个转变，意味着承认这个主体仅仅是为另一个能指（S1）而被一个能指（S2）所代表——这些（S2）来自大他者的不同外形。

因此，在这个过程之初，"无意识主体"知道他被一个能指的系列（S1）所代表，但不知道这个系列是什么。他还没有发现能指（S2）以及构成基础幻想的"知晓－不知"，而这些幻想将他神经症性地异化了。基础幻想的意义逃脱了，因为我们携带的这个能指在自我那里引起了焦虑，这个逃脱[1]的意义便能始终保持着一定距离。精神分析将迫使这个能指通过一系列的表象而得以出现。并且，要避免强迫主体花必要的时间去讲述和接受症状的真相。

1　如同所有最终的性认同、所有最终的内涵都逃脱了。性、意义、内涵指示着在结构（R、S、I）主体化中的基础的点而非最终的位置。参考 Lacan, « L'Étourdit », 1972, in *Autres écrits*, Paris, Seuil, 2001, p. 481。（译按：此脚注为作者为中文版增补。）

这样，一个同意接受做精神分析[1]的人，就意味着他要接受其存在被越来越多地切分，接受无法再讲出他是作为什么而存在，而只能由意识形态指定的男人或女人这样的社会表征所代表。

因此，精神分析如同诉讼程序那样，是按照一个辞说（一个社会联系）所建构的。其目的就在于通过引出一个真正的知晓，从而使与神经症的主人能指相关的知晓得以产生。这一真正的知晓如同基础乱伦幻想的建构那样被实现。

12.3　基础乱伦幻想的异化

今天，超越弗洛伊德，分析者的存在并不处于无意识和认同的可变化辞说中，而是位于冲动客体所在的幻想构建中。

我们不仅被切分，而且总是在基于我们的那些联想（这些联想关联于无意识链条上的能指）与没有进入语言的一个剩余之间不断被切分。

这个剩余构成我们存在的中心、我们不变的核心，它不断地重新启动无意识进程。语言的惯性点（Q）[2]代表了不变性的点，即那个不变的、切分主体的点。我们假定的这个惯性极由幻想所构建。上体的基础乱伦幻想则首先表现为未知的部分，未知数 X。

1　然而，通过提倡我们所称的守时的精神分析行为，有可能摆脱精神分析或心理治疗的假选题。这些精神分析行为指示了对主体而言的一个可能性，即通过与一个精神分析家的相遇重建暂时被切断的关于无意识知晓的联系，从而重新找到主体的欲望。

2　我们用 Q 来索引这一惯性点，同时指出所涉及的结构能量稳定、数量巨大。在此，我们重回《精神分析的诞生》中，弗洛伊德 1895 年《科学心理学大纲》里的索引。

为了揭晓这个 X，需要满足几个条件，例如精神分析框架的合理设置和涉及进程的转移关系。

首先，我们要记住，幻想将所有的部分冲动都整合到一个客体中，即客体（a），它在主体性结构中起着原因 - 客体的作用。精神分析的挑战在于建构对这个幻想客体的知晓。这个幻想客体复因决定了所有的思想，并构建了我们的存在。

关于转移的重要性和必要性，我们可以从没有它就不可能有精神分析而得以窥见：它使幻想的性现实得以实现并被揭示出来。至此，我们可以理解转移的基础：对我们终极存在的知晓的一个期待，X，在乱伦幻想中显示出来的期望。

对精神分析家而言，接受转移关系意味着接受被置于幻想客体的位置上。那么分析家就必须保持沉默，以便分析者能表达出乱伦效果，这种乱伦效果 X 是由体现为分析家的在场 - 不在场所激起的。这个在场 - 不在场的变化表达出冲动的变化，正是这个冲动的变化使主体从不在场通向了在场，从 Fort 到了 da，从沉默到说话，从而保证了这一能指链的动力并引领我们去言说。

对位于结构 Σ 中"实在"维度的这个幻想客体的描述并非毫无结果。

（1）这个位于幻想中的客体是所有的梦和联想所瞄准的客体，它如同与它们相关联的实在那样。在此意义上，这个客体始终位于同一个位置，也就是将结构的所有维度打结的邻域位置。对精神分析而言，该冲动客体（a）仅仅是这四个维度（R）、（S）、

（Ι）、（σ）的交织。在空间性中，这个交织包含了由客体（a）冲动的卸载所确保的稳定性。

（2）整合了部分冲动（声音、目光、乳房、粪便）的这个客体，在追求融合的幻想中，以一种普遍的方式表达为主体与其大他者之间冲动的交换客体。

在转移中，这个原因客体不停地产生一些解释的效力[1]，控制着精神分析经验的过程及其展开。它为分析者掩饰了阉割的缺在，但通过那些把生活变得复杂且让人难以忍受的症状而表现出来。此外，由于这个客体使这些部分冲动过度地具体化为符号石祖 Φ[2]（因为它始终是想象性地满足），尽管有各种困难，它仍然在幻想中带来了不断更新的与大他者的乱伦融合的满足。因此，神经症主体的某部分更愿意接受症状而不是放弃乱伦的自淫幻想。这个幻想将大他者有效地缩减为一个部分客体，这样就使融合享乐成为可能。

在这里，主体性的因果理论得以用符号石祖 Φ 的概念来阐明，这个符号石祖指示了性的双重存在模式：弗洛伊德式的力比多 – 冲动。

力比多表示在能指网中因一个元素的符号性缺失而引起的无意识欲望，记为 S（Ａ）。而冲动涉及的是体现在乱伦幻想的客

1　这里所涉及的是，理解主体对其大他者请求的认同。"请求"以一个幻想的客体表现出来（例如，在弗洛伊德的那个年轻女同性恋个案中，父亲厌恶的目光）。这些例子使我们理解了乱伦是不同的部分冲动所交汇的自淫幻想。

2　石祖 Φ 能指返回一个超越数。拉康用黄金数概念向我们指出：一个这样的数同同一结构之发生装置的核心，以边缘效应对身体的性感区起作用。这些身体表面的效应是被主体感知为来自内部冲动的推力⋯⋯

体（a）中的石祖客体。这个客体（a）属于"实在"（R）的维度，它代表着向极限过渡的换喻性客体。它表示在结构中没有连接到能指元素的那部分冲动能量和产生着能指元素的恒定推力。我们可以将其比作黄金数，它近似于代表符号阉割（-φ）的数的倒数。作为难以抵达的实在客体，客体（a）通过它引起缺在的能力，而复因决定了一个能指元素的缺失。

因此，精神分析科学的特点是无意识元素的决定论命题，它被冲动客体（a）的因果构造所超越。这意味着主体性生活具有某种必然性[1]，对此弗洛伊德已通过提出冲动推力的恒定性而部分谈到过。然而，他没有设想也没有提出这个推力是来自母亲能指的传递，并且这些能指同时标记且爱欲化了身体。即便对弗洛伊德而言，这个由身体表面的性感化而附带产生的性并不是生物学意义上的。

12.4 原初压抑的拓扑学

最终，为了给性一个身份，弗洛伊德假定它作为冲动的一个代表（Representanz）出现在所有表象之中。在波罗米假设 Σ [2] 的

1　科学因其通过一些标准来描述事件来得以从其他的实践中区分出来，并且在被强加至思想中的那些必要性的形式下，科学使自己的实践服从于客观约束。这些必要性以内部标准的形式出现，并透过自洽性、一致性的目的和对于现象可行性条件的思考这一目的来实现。对于精神分析的情况，临床仅仅在转移的条件下才是可行的。在最明确的意义上，科学的概念表示内部自主的控制是由理论本身所操纵的。

2　（R）、（S）、（I）、（σ）这四个环纽结的命题使弗洛伊德对原初压抑的首个研究方式得以重释。因此，代表、符号石祖 Φ，它们同时既指在"实在界"水平上由初次兴奋的痕迹带来的融合享乐，又指来到构成"符号界"的能指要素中的语言意义的潜在体系。

框架下，符号石祖 Φ 便承担了这样一个代表的角色。弗洛伊德放置这个代表的这一原初压抑的地点，正是无穷远点的潜在地点，即一个拓扑区域，结构的那些维度在此区域闭合。弗洛伊德所谓的情感，是由这一"代表"所带来的这个性的伴随效果，是被能指的存在限定的享乐和情感的结果。由此看来，能指－享乐的对子是主体性结构的构成部分。能指网的铺开作为符号维度固有的能指化的铺开，必然地产生享乐——（JA）和（JΦ），产生焦虑，以及在结构中自由循环的一定量的情感。在原初压抑的这个地点，冲动能量不可能从一些微分变量（一些身体表面的小变化）转变为能保证能指链的拓扑学动力的边缘效应。

12.5　精神分析治疗的开始与结束

与一次分析的停止所涉及的问题一样，它与分析者辞说的断点相连，精神分析治疗的开始和结束的问题涉及实践的基础条件。

为了进入精神分析，我们要考虑的不是一个分析性的假设，而是那个同意成为分析者且在最后必将接受成为缺失着的人所提出的分析请求。尽管对于最终将成为"缺失着的"这一点，这个人并不知道。是这个决定，让这个人将分析家放在假设知道的主体的位置上；也是这个决定提供了分析的可能性，并且从一开始就建立了转移。痛苦并非带来与分析家相遇的可能性的充分条件，接受把自己放在这个"假设知道的主体"位置上的分析家，也并不自认为在此位置上。在分析者方面，此痛苦必须涉及假设的无意识原因，只有这样，假设知道才能成为转移的材料。在这个事情上，选择的标准不是由精神分析家制定的，而是由经受着痛苦的这个人，是他决定给自己的痛苦一个身份。

如何确定结束这个过程的条件呢？远非一个不可结束的、无限的[1]过程，此过程必须是有限的，就是说在行为上必须是有限的。那么涉及的是什么呢？我们必须承认通过对其基础乱伦幻想的揭示，分析者交出了他糟糕的存在的钥匙。很显然，这样一来，他别无选择地必须放弃这一幻想所带来的支撑和满足。这个放弃通过其自恋性存在的撤销以及相应地通过他接受由缺在标记的假定而表现出来。这就是阉割[2]，在精神分析经验中的唯一目的，可确定的唯一技术目标。为了主体能成为缺失着的和欲望着的，就要校正其在生活中的行为和目标。

对主体而言，在导向治疗结束的这一关键时刻，必须考虑：

— 无意识认同的改变、符号性阉割；

— 从冲动原因中解放出来，这将支撑主体在新的理想上不断投注。

---

1 我更愿意用"有限的和无限的精神分析"来翻译"Endliche und unendliche psychoanalyse"，以便理解结构的统觉更多属于空间和拓扑学的范畴，而不属于时间的想象性表象。

2 阉割是现代精神分析经验所特有的，这一点使精神分析区别于伦理学。特别是亚里士多德的伦理学："从感觉到科学，在那里这仿佛是显而易见的视角。也正是沿着这条道路，亚里士多德又重提前苏格拉底。然而，这是分析经验必须校正的道路，因为它避免了阉割的裂口。"Jacques Lacan, *Les quatre concepts fondamentaux*, (1964), Paris, Seuil, 1973, p. 73.

如果我们像海因茨·科胡特（Heinz Kohut）[1]那样，让精神分析的治疗仅仅停留在一个符号性的概念上，我们就无法理解其治疗的效果源于什么，因为我们忘了其实在的意义是，将客体，即客体（a），从冲动推力中以及束缚着它的自淫幻想中解放出来；我们也无从理解这个变换为另一个欲望的支撑性幻想来自哪里。

事实上，乱伦幻想残余的本质将继续产生症状，即产生使理想复杂化的享乐。主体必须知道如何处理这种不可消除的享乐的实在。若由石祖享乐所保障，他便能接受被强加的享乐的本质所切分、居住，其存在也不再因此而被支配或撤销。拉康用"学会与其症状共存"来描述这个位置。

12.6　乱伦基础幻想的缩减

以对无意识幻想的分析为中心的这一实践使主体意识到，在治疗过程中，除了无意识认同几近无穷的变化外，还存在着一个始终保持不变的点：乱伦的点，在这里主体将大他者置于融合的幻想之中。

鼠人个案使我们觉察到一个联结：为有别于父母的大他者而代表着主体的能指老鼠（rat）与能指赌徒（Spielratte）、结婚（heiraten）之间的联结。这就是为什么以符号方式起决定作用的能指老鼠会为无意识"自我"引出一个性的意义。它必然表明，

1　Heinz Kohut dans *Analyse et guérison*, Paris, PUF, 1991.

它我如同无意识的满足那样，在那里能指老鼠的想象得以联结，并以自淫的方式固定在肛门客体上，同时由此构建了一个幻想：肛门－老鼠。对这个案例的研究似乎是不可穷尽的，我们将讨论由老鼠的例子所显示的这一有别于父母的大他者的概念。我们记得鼠人的父亲在鼠人眼中如同一只老鼠：在德语里，赌徒被称为"Spielratte"。同样，其母亲在他看来如同一只侵入的老鼠。因此，老鼠这一能指凝缩了父母和这个视觉化的大他者之间的关系。从该个案中老鼠和肛门的联结而合成的客体的角度，乱伦幻想的客体这一概念具有了意义，即一只肛门－老鼠。失去的融合快乐[1]，也就是拉康所称的在代际间不存在的性关系，它能通过一个乱伦幻想而找到一个存在的表象。

为了阐明对这个基础幻想的知晓所带来的效力，我们必须理解从幻想到现实的类同外延，并构造一个知识，让分析者能在所有的重复驱力中认识到其破坏性。这不仅是为了定位对它的防御，也是为了理解是什么从根本上影响了其以施虐或受虐形式将自己认同于缩减为客体的父母大他者的方式。

在鼠人的例子中，乱伦以自淫幻想的形式呈现，大他者在那里被缩减为一个被插入的肛门。作为这个幻想的主体，鼠人既是被缩减为肛门的大他者所排出的粪便，也是杀死大他者并与之融

1　这一失去发生在这样的时刻：母亲在知道孩子可以存活的前提下，停止与他的完全融合，在满足他的同时使他感到挫败，由此传递了结构。孩子因此走出了一个"存在"体验而进入"不存在"中，即 l'ek-sistant，也就是语言的结之中。拉康在 1974 年研讨班《R、S、I》中，于 12 月 17 日提出 l'ek-sistant，石祖享乐所隐喻的正是它。

合的一只施虐的阴茎－老鼠。这些多重可能性使幻想客体以情景的形式出现，透过那些部分冲动客体，这些情景随着形势而改变。在那里的粪便、阴茎，以一种既主动又被动、既施虐又受虐的形式，将大他者缩减为一个客体。围绕着部分客体的自淫假想，实现了乱伦融合并产生了享乐的效果。神经症的选择在于更愿意保留症状和冲动的不满足，而不是放弃被禁止的融合享乐。

因此，对陷入症状并处于不可结束的分析中的神经症来说，获得的这一知晓给他带来了一个新的方式，使他能够去看到并依稀预见这一结构，也使他不断返回未改变的部分，即其乱伦的点，从而最终知道怎么处理该残余。由此实践所带来的新方式是主体能不断制作关于无意识基础幻想的知晓，并能在某种程度上将之与其症状的形式联系起来。

这就是为何以一种看似悖论性的方式，我们可以说分析过程中的分析者在每次将他的症状和基础幻想之间建立联系时，他都在不断地将分析引向结束。直到有一天，他不得不去考虑在这一过程中所获得的知晓。这时，他才可以走到另一边，重新去建立其生活方式并将他的基础幻想限制在私人自淫活动的那些时刻。通过这种方式，他就能从自淫幻想的持续控制中解脱出来，并制作一个新的幻想，一个欲望的支撑性幻想，这样的一个幻想可以改变症状且压抑整个乱伦的基础幻想。这就是拉康所命名的圣状。这个概念为弗洛伊德建立的精神分析理论带来了一个发展，因为弗洛伊德没能完全理解欲望的道路，所以只提出了升华这一过于局限的概念。

在（R）、（S）、（I）这一结构内部，这样一个转换使无意识的冲突得到解决，并改变了由于想象维度高于符号维度而产生的邻域。在此情况下，大他者的辞说过渡为从请求到欲望。

因此，正如前面所揭示的，分析家的知晓，作为知道的知晓和知道的不知，它是一个有效工具，能让分析者去解释自己的幻想，并缩减[1]这些幻想在其主体结构中的重要性。我们在症状的移置中可以看到这一点。

精神分析与心理治疗的区别在于，精神分析是由一个精神分析家，一个由知晓所建构的存在所指引的。正是不断地依赖于精神分析家的这个知晓，才能去解释分析者的话语。直至分析者自己通过表达他的乱伦激情，足够频繁地触及关于其幻想本质的知晓，并接受对此的思考，这样才能结束分析。

12.7 结论的时刻[2]

从根本上讲，精神分析是作为对无意识之谜的一个回答而诞生的，因为无意识的存在只是为了提出被假设－知道－大他者[3]

---

1 对潜藏于无意识幻想中的空间结构的研究使我们理解了，主体性的缩减通过结构分裂的途径实现，通过这个过程产生。参考 Lacan, « l'étourdit », in Autres écrits, op. cit。

2 在中国版中，作者将原书中的 12.7 "症状的改变"这一小节的内容与 12.8 "结论的时刻"对换了。——译者注

3 Lacan, « Séance du 30 avril 1969 », d'un autre à l'autre, (1969), Paris, Seuil, 2006："只要这一问题，即假设知道主体的问题，彻底悬置的后果没有经过确切的尝试，我们就一直停滞在理想主义中，总之是在其最落后的形式下，在具有某种结构且恰好可以被称为神学的这样一个不可撼动的形式下。假设知道的主体，就是上帝……他可能是一个天才，……就像爱因斯坦，用最清晰的方式向上帝提出诉求。"

（grand Autre-supposé-savoir）的存在。由此，我们可以说，转移其实是潜藏于整个分析[1]开始之前的。难怪世界害怕精神分析。

在分析过程的最后，分析者理解了，使他成为主体的这一知晓在于其能指链上的能指之间的邻域，这一知晓为他制作了真相。当他知道除了在这一过程中去思考获得的知晓之外，别无其他选择时，他才可能：

——对这个过程做出结论，纵然它具有潜在的无限性；

——抛弃精神分析家——在现实的转移中，代表着乱伦幻想客体的一个等价物；

——为这个分析过程画上句号。

与分析家的一个新型关系由此得以实现，即一个无止境的思考形式，它将代替经验的有限性。主体在思考中不停地增加对无意识的切分，他既是其基础乱伦幻想客体的主体，又是新的欲望的支撑性幻想的主体。这个基础乱伦幻想将他维持在某一特定的惯性中，而欲望的支撑性幻想则不断地赋予他活力，让其生命得以继续。

同所有科学一样，精神分析中的知晓是通过排除"假设知道的主体"的功能而获得的，以便建立一种我们无意识主体能够确

---

[1] 一个没有被处理的转移其结果会使神经症继续存在，因此这些没有解决其转移的神经症就会围绕着对这些假设知道的主人的转移而聚集成可笑的团体。这就是为何，如同比昂使拉康理解到的那样，我们必须转至无领袖的群体。参考 Lacan, « La psychiatrie anglaise », *Autres écrits, op. cit.*, p. 109。

信的逻辑。如同拉康[1]所说，精神分析的过程使"假设知道的主体"的假定，在面对关于我们主体的知晓时，在分析者的主体性中被否定了。

由此，我们便可以提出以下定义：

— 神经症，如同一个主人的奴隶，因为主人化身为"假设知道的主体"。

— 癔症[2]，无论男人或女人，在其幻想中都不把自己视为他/她觉得所是的那个人，即女人。这与精神病不同，精神病人神经症性地相信，只有女人知道怎样让一个男人享乐或让大他者享乐。

— 强迫症，如同一个超我严酷的主人的奴隶[3]，他假设这个主人知道他想要什么。强迫症患者相信存在一些主体，他们知晓、没有无意识。而他则通过拒绝知晓，而拒绝将自己视为一个主人，也拒绝确认自己的欲望。

— 精神病是指缺乏"假设知道的主体"的返回。在精神病患者那里，这个"假设知道的主体"可以由一个女性迫害者所代表。

1　Lacan, « séance du 18 juin 1969 », *d'un autre à l'autre*, (1969), Paris, Seuil, 2006.

2　从形式上看，我们将癔症的位置解释为由于穿越了区分"男性空间"与"女性空间"的界限，而没有足够为主体返回他的出发的空间所引起。此外，癔症的重心涉及的是一个主体对于其原初位置的返回途径的缺失。因此，可以说对女人而言，癔症在于她处于"男人的位置"；而对男人而言则在于他处于"女人的位置"。

3　在精神分析中，我们定义奴隶是关心其享乐的人，而主人则与其不同，他关心的是他的欲望。这个差异并非源于自然，而是在于他在无意识辞说中所占据的位置：要么是奴隶，在他占据的这个位置上受他的享乐的对象所支配；要么在这个同样的位置上，他知道这个享乐，能选择远离他，由此成为他的欲望的主体。

不存在关于治疗结束时刻的理论。分析的结束是分析者通过总结他的分析并多次制作其乱伦幻想后，由他自己做出的或然的决定。他决定与这个乱伦幻想保持距离[1]，通过用一个能指元素取代他的自淫。这个能指元素在无意识序列中隐喻了符号石祖 Φ，是价值与满足的来源。由此，一些新的能指出现了，它们让（R、S、I）结的符号性构成元素共同改变了整个结构。四个构成元素所带来的客体不再是自淫幻想的想象，而是关联于石祖能指的缺失。

在抵达这一点时，分析者就将精神分析家的在场等同于乱伦客体的在场，与乱伦客体分离，就到达了分析过程的终结。

精神分析到底意味着什么？

——进入一种治疗道德痛苦的个别化实践中；

——获得关于存在的知晓，使分析者对切分他的享乐的这个实在不再一无所知；

——参与无意识科学，即如果分析者在其治疗结束之后，决定走向精神分析家的位置。

在这个意义上，精神分析是一个全新的、不可简化为心理学[2]

1　在这个意义上，精神分析超越了所有哲学的伦理，甚至包括亚里士多德的伦理："德性作为对于我们的中庸之道，它是一种具有选择能力的品质，它受到理性的规定，像一个明智人那样提出要求。"（*L'Éthique à Nicomaque*, II, 5, Paris, Vrin, 1989）译按：此译文引自《尼克马叮伦理学》，参见《亚里士多德全集（第八卷）》，苗力田主编，北京：中国人民大学出版社，1994 年，第 36 页。因为基本规则，精神分析的理性允许幻想拉开距离，它是部分不知的一个知晓，超越于实务智力的任何意识决定。

2　参考 Jacques Lacan, *Encore, op. cit.*, p. 77："如果在精神分析辞说中追寻可描述和说明之物，那么我们的教学目的在于通过将 a 变成想象的，把 A 变为符号的，而区分 a 与 A。符号是成就上帝之物的支撑，这毫无疑问。而想象则支撑着从同类人到同类人的映射，这是肯定的。然而，a 能与 S（A）一起参与融合，……通过存在功能的迂回方式。仅在此处留有一个分裂、一个分离要实现。只在这一点上，精神分析对心理学而言是另外一回事。因为心理学正是这个未完成的分裂。"

的科学。它摒弃了关于正常[1]和病理的理论，并且超越了社会关系理论中个体和群体间的伪对立。

12.8　症状的改变

从一开始，弗洛伊德在医学模式下将症状理解为一个创伤的结果。然而，在 1900 年《梦的解析》出版后，他超越了这个狭隘的概念并指出：症状其实是无意识欲望的一种表达方式，并实现了一种使该无意识欲望达成的自淫幻想。在此观点下，症状既是一个被禁止的无意识满足的重复，也是对这个满足的审查。在这个意义上，弗洛伊德认为，症状就是妥协的一种形式。

不同于那些不考虑经验及理论的发展而完全跟随弗洛伊德的精神分析家，拉康认识到必须发展症状理论并指出它不仅是一种妥协的形式，在其符号意指和真相之外，还是主体享乐的"实在"指征。

症状在主体性结构中作为特别的第四维度[2]（σ），如同实在一样，是主体不可缩减的一个元素，不可被删除，只能通过治疗而被修改。神经症的症状必须消除，才能使非神经症性症状的维度显现，并可以在主体"实在"和存在中，表达不被符号法则

1　弗洛伊德在精神病和神经症间的差异范围内去定义正常。参考 « la perte de réalité dans la névrose et dans la psychose », (1924), *Névrose, psychose et perversion, op. cit.*, p. 301：　"神经症不否认现实，他只是想对此一无所知；精神病否认现实并且力图将其替换。我们所说的正常或健康的行为，它是合并了这两种反应的某些特征，像神经症那样对现实并不否认，但是随后又像精神病那样，去努力地改变现实。"

2　Lacan, *Le sinthome*, 1975-1976, Paris, Seuil, 2005.

所禁止的那部分享乐。

为了理解这个症状的新功能是怎样起作用的，弗洛伊德提出，必须在症状中将融合享乐从石祖意指[1]中区分出来，以便使携带认同的符号意指与被捕捉在实在中的享乐意义上的症状相分离。结果是主体性的胜利，其存在性的意义超越了关联于精神病症状学的意义。从这一存在性的意义上讲，精神分析治疗是无法"估价"的。

我们再回到鼠人的个案来看，他梦见娶了弗洛伊德的女儿，而她的眼睛是两颗屎。我们都理解金钱的符号意指是怎样与排泄物交织在一起的。如果鼠人的治疗能够继续的话，从逻辑上讲，他可能会成为*石祖 Φ* 的拥有者[2]（在其认同的符号水平上的：金钱、财富、权力）。就这一点而言，我们可以承认，此后正是在自淫的实在中，他才能找到关联于排泄物客体的一种满足。

12.9　对症状的认同

波罗米结的假设赋予了症状一个概念化的身份，并显示了治

1　Freud, « Une relation entre un symbole et un symptôme » (1916), in *Résultats, idées, problèmes*, PUF, 1984, t1.

2　拉康在《石祖的含义》（« La signification du phallus », *Écrits, op. cit.*, p. 692）一文中，明确了石祖的概念："石祖是此标记的特有能指，逻各斯的部分在这里得以与欲望的诞生相连……如果母亲的欲望指向的是石祖，那么孩子为了满足这个欲望就想成为石祖……石祖是由母亲消失而开启的这个撤消本身的能指。"这些引文使人理解石祖作为第一驱动力的身份，如同亚里士德的第一推动力之相似物，但又与之不同。相似物："我们应当假设一个尽头，它当是不动摇的、永恒的驱动力，是物质、纯粹的行动。然而，它正是这样的一种方式来运动，像令人欲望且被思想之物那样，他们不动但驱动。"参考 Aristote, *Métaphysique*, Δ, 7, 1072a, 23-27, Paris, Vrin, 1986.不同的是，石祖 Φ 在精神分析理论中并未被连接到一个完美的圆满中，而是连接在一个根本性缺失的假定中。

疗带给主体所有变化的特点。症状的理论与"父亲的名义"（说不之名）的理论发展相连。这个"父亲的名义"的理论在拉康关于"R、S、I"的研讨班（1975 年 3 月 11 日）中被定义为："其功能约简为给事物命名的功能。"因此，他再次将作为"父亲-版本"的实在父亲这一角色引入父性功能中，也就是说由实在父亲用一个能指元素对其不知晓命名。这个能指元素将为主体定义一个关于存在的空间——只要主体在治疗最后同意接受这个命名是他的症状，即接受他不可改变的独特之处。

这一理论突破的重要性使我们能够从弗洛伊德升华的概念转向将重心放在对症状的认同和对被移置了的症状的认同上。确切地说，这样一个认同可以建立在一些享乐的痕迹之上，这些享乐的痕迹是由来自实在父亲的一个能指命名所唤起的。此后，症状（σ）——拉康将其重命名为圣状[1]——就从不可缩减的有限奇点出发将主体安置在存在中。

这样一个改变是与神经症症状的放弃相连的，这个神经症症状被视作乱伦幻想所带来的结果和主体没有解决俄狄浦斯情结的表现。在这个意义上，神经症症状是对知晓（S2）的不知的结果，也就是说，在性的意义上，主体在其基础幻想中被折磨，被固定在想象界。它并不涉及享乐的数量方面，即那些丧失的与母亲融合的痕迹（S1）上的享乐。

拉康的发展迫使我们区分了俄狄浦斯的父亲和症状-父亲，

---

1 圣状一词的其中一个含义与它的希腊词源有关，包含着坠落的意思。

前者与拥有一个想象客体有关，后者通过赋予石祖享乐一系列名义来隐喻失去的享乐。

为了区分升华与症状，我们注意到升华始终与一个理想化的客体有关，因此弗洛伊德举了达·芬奇的例子。对达·芬奇而言，目光具有想象阴茎的价值，与视觉冲动相连。重要的是要理解在分析的最后，客体不再是理想化的，而是被抛弃的；在"父亲的名义"的隐喻作用下，通过对"物"的唤起，即大他者的"在场－不在场"，客体被一个享乐取代。

在癔症那里，症状是不能被解释的[1]，因为癔症的不满足所瞄准的是一个欲望的欲望而非客体。因此，在"杜拉个案"中，K夫人不是杜拉的同性恋客体，而是关于一个欲望之欲望的隐喻，它体现在一个不存在的性关系中，也就是"大写之一"的功能，其追求的是一个失去的完备性。所以，我们可以假设，如果杜拉能够接受拉康派的精神分析，她就能认识到建立在对男性特征的认同、甚至对阴茎的认同基础上的，是她要支撑父亲的幻想。也许这样，她就能放弃与性厌恶和男性生殖器相关的这些症状形式，进而认同女人的命名。因为这个女人的命名代表了杜拉父亲在与K大人的性享乐中所不知晓的能指的命名。此命名本应支撑杜拉成为欲望着、享乐着的主体，但现在它的不确定性使这个缺在的主体痛苦不堪，因为这个想象石祖（-φ）的价值被剥夺了。

在这个例子中，波罗米结的意义得以显现，我们可以确切地

1　参考 Lacan, « Leçon du 23 janvier 1963 » in *L'Angoisse*, (1962-1963) Paris, Seuil, 2004。

定位从神经症症状到欲望症状的缩减，如同结构 Σ 中第四维度
（σ）的转换。从此，这第四维度不再作为对"RSI 结"而言异
质的东西出现，而是在实在（R）这一构成性元素的水平上出现。
被移置的症状因此以莫比乌斯的方式、在实在的维度中表现出来，
如图 10 显示的那样，变成了对欲望中始终坚持之物的支撑。

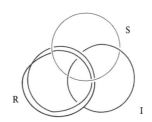

图 10　被移置以支撑欲望的症状

　　我将这第四维度（σ）的生成阐述为，由于对它进行了治疗
才得以被移置。因此，这一症状的维度（σ）附着在实在（R）
维度上。唯有此移置说明了，在结构的不同构成维度（R）、（S）、
（I）之间增大协方差的可能性。

13

关于精神分析科学

13.1 精神分析科学的概念

1896 年，弗洛伊德在将其发现命名为"精神分析"之前曾很犹豫。1896—1897 年，他使用的是"元心理学"的表达；1915 年，为了定位他在心理学领域之外的研究，"元心理学"这个表述还重新被使用过。在发现了如同"不知的知晓"的无意识之后，这个跨越对他而言是必不可少的，并促使他用一系列具有解释和描述价值的基础概念去考虑主体的因果律。随着雅克·拉康理论的发展，这些概念将引起对结构中潜在空间的思考。在其《文集》[1]中，他提出了对主体因果律理论的修改，即客体（a）是被无意识元素所确定的。正是这样，话语的效果（即作为原因的真相的效果）得以产生，并且通过重塑能指的反馈，这些效果在能指链上被回溯。

1　Jacques Lacan, *Écrits, op. cit.*, p. 839："正是作为无意识的机构，即弗洛伊德的无意识机构，人们才能理解位于这一水平上的起因，休谟也正是在这一水平上想挖掘的起因，并且正是在此处这个起因具有了实体性：能指在其效力上的回溯，必须完全与最终的起因相区分。这恰恰证明了这是唯一且真正的首要原因，人们将看到亚里士多德的四因说的表面不一致的聚集，分析家在他们的领域可以对此制作有所贡献。"

　　这就是为什么精神分析建立在无意识假设的基础上。作为一门科学，它必须在对其客体的建构和认识论的制作两方面齐头并进。我们不能如哲学家们所做的那样，构建一个精神分析的谱系学。精神分析诞生并继续处于由科学的出现为代表的认识论断裂[1]的范畴。自19世纪以来，一开始弗洛伊德借助于脑科学，但很快为了构造一个新的对象，在1895年的《科学心理学大纲》中他又抛弃了它。在当今的科学框架[2]内，必须考虑在这个领域中主体的主体性模式问题，如同在过去的宗教领域，甚至在古代哲学文化领域一样[3]。

　　根据米歇尔·福柯[4]在法兰西学院的演讲中，就其哲学所提出的错误命题：科学及其结构"无法同化精神性的知识"。这就是为何他补充说"精神分析是不能被科学结构所同化的一种知识形式"，在几行后，他提出了精神分析主体的"存在"问题，但并未察觉或意识到无意识主体仅仅是在认同和客体之间不断切分

1　正是这个原因禁止断言精神分析属于想象性欧式空间的假设，因为和科学工作一样，尽管精神分析只处理单一主体及其结构的独特性，但它仍然登录在一般性概念中。

2　参考 Lacan，Séminaire du 30 mars 1966, in *L'objet de la psychanalyse*, inédit, 1965-1966："如果分析是以科学为参照而进行的一个操作，并且完全被科学的存在、真相的问题所引导而建立的话，那么这一对分析的质询，在最精确的意义上正对应于这一目标——即科学成为精神分析质询的目标。"

3　拉康将其命名为辞说（*Encore, op. cit.*, p. 21）。根据他的观点，通过结构化主体被捕捉于知晓和真相中的差异，我们区分出四个模式：主人的辞说，在这个模式中，主体S通过知晓（S2）享乐他的真相（S1）的客体（a）；大学的辞说，在这个模式中，被其真相（S1）所压抑的主体S享乐他已获知晓（S2）的客体（a），这个S2自恋性地复制了无变化的主体；分析家的辞说，在这个模式中，我们享乐我们作为主体对主体S的切分的强调，在冲动客体（a）的驱使下，通过已获得的知晓（S2）与科学再制作，以便获得一个新的知晓，即关于最初的那个命名主体和标记主体的能指要素（S1）的新知识；癔症的辞说，这个模式是享乐对科学中缺失之物（S2）的寻找，或享乐对已构建理论的驳斥。

4　参考 Michel Foucault, *L'herméneutique du sujet*, 1981-1982, Paris, Seuil, 2001。

的一个主体性名称。从精神分析的观点看，关于（主体）存在的问题解决了，它仅仅是语言的或者享乐的结果，在身体水平上作为实体被感受到。因此，无意识主体是被切分、被编码的$。

对弗洛伊德而言，精神分析科学涉及临床和症状的主要类别、模态的解释及描述。他对临床中遇到的困难进行分析，并提出了新的理论假设。例如，1920—1925 年，通过思考消极的治疗结果，他制作了死冲动的理论假设及之后的原初受虐狂的临床假设。他的临床使他发展出结构的理论。一个细心的研究发现，他始终倾向于创造解释性的概念，而取代认识论的思考。此外，为了克服这一从 1907 年以来就感到的不足，他创造了一个临时的认识论[1]：元心理学。在 1919 年，他认为这个类别过时了[2]。1938 年，在他生命的最后，在遗作《精神分析纲要》[3]中，为了阐明精神分析是一个以无意识为研究对象的科学，他最终放弃了这个术语。

在 21 世纪，理论与基础概念的发展让我们有可能重新定义无意识的概念。首先，需要注意以下几个要点：

1　参考 « lettre de Freud à Jung du 1 juillet 1907 »，在信中弗洛伊德表示他开始"有了一个工作的模糊概念，即关于无意识认识论上的困难"。参见 Correspondance entre Freud et Jung, 1906-1909, t. 1, Paris, Gallimard, 1975, p. 122。

2　参考 « lettre à Lou Andréas-Salomé du 10 Mars 1919 », in Lou Andreas Salomé, Correspondance avec Sigmund Freud, Paris, PUF, 1970, p. 122. 在这封信中，弗洛伊德解释了他为何没有继续写作他的《元心理学》。随后，他将其比作一个"躯干"，就是说那是一件雕塑的半成品，而他没有再继续对此工作。"我的《元心理学》到底怎么样了？首先，它还没写。因为做一个对材料的系统阐述，对我而言是不可能的，因为我经验之片段化的本质和我灵感之零散的特点都不能允许。但如果我再活十年，并且这期间我还能继续工作，没有被饿死、没有被杀死，也没有因为我自己或周围人的不幸而过于痛苦——也许条件太多——那么这样我可以向您保证继续研究。第一步可以在我一篇名为《超越快乐原则》的论文中体现，对于这篇文章，我还期待着您给我写一篇综合评论呢。"

3　Freud, Abrégé de psychanalyse, 1938, Paris, PUF, 1978.

（1）一些相互关联的概念构成了解释无意识如何运作的理论。这里没有折中主义，也毫不主观臆断，而只有关于解释这个结构之现实的工作指征。结构 Σ 的概念被纳入这一研究中。

（2）作为一门科学[1]，精神分析在不可能概括的情况下，以一种始终是暂时的方式，联结了几个发展不一却内在相联的理论：

— 神经症理论

— 精神病理论（妄想狂性精神病、躁狂–抑郁型精神病、精神分裂）

— 治疗理论

— 父母的亲性功能理论

— 无意识性化特征的男 / 女结构理论

— 主体性结构 Σ 的理论

我们因此可以说，不同理论的交织赋予了精神分析不可分割的统一性和特殊的认识论，即一个关于无意识的部分科学的认识论。

（3）此外，必须认识到精神分析只能在由经验所提出的问题的驱使下才能发展。因此，尽管精神分析理论涉及事物本身，但它不可被视为一种思辨，一种超验性客体。这个事物本身[2]就

---

[1] 我将指出精神分析如同科学那样，将其临床研究连接于拓扑 - 无意识的结构中，这样一个理论工作意味着它不断地发展其特殊的认识论、其合理性和其在哲学中的现实位置。正是这样它才持续地提问现代合理性的基本类别：主体、爱和社会联系。

[2] 参考 Lacan, « L'Étourdit », *Autres Écrits*, Paris, Le Seuil, 2001。

是实在，它如同绝路和边界那样存在，并被视作提出不可能性的一个可能性。这个实在是每个人不知的知晓中的逃逸点。它总是以与症状相关的特殊且偶然的真相的形式出现。

那么，为何在21世纪需要将精神分析的制作与主体的形式化相结合呢？

将无意识的精神分析理论与数学相联系起源于弗洛伊德。的确，在1895年的《科学心理学大纲》中，弗洛伊德就将精神构想为网络以及量（Q）（后来，这个"量"被他命名为冲动）的树形图的空间化。通过将无意识缩减为一个地点，即能展现主体变化的大他者的地点，由此将浪漫主义与神秘主义[1]区分开来。一百年来大量持续的研究使我们能给这个大他者的地点一个拓扑学位置。

因此，以下这些已部分形式化的论述，以总结的方式介绍了理论和认识论的立场。而它们正是21世纪之初精神分析的立场。

——精神分析不建议任何关于存在的本体论；对结构 Σ 的理论研究方式源于数学和精神分析的同外延，这个研究方式与每个人的经验有关。这一实在构成了客体和精神分析的领域。

——精神分析不是建立在对要素的研究之上，而是建立在对能指要素网络的研究上。这些能指要素不断地相互转换。

1　即便是在更晚些时候，精神分析的理论也是经由拉康，才得以将影响着每个人的那神秘的一面整合到男性 – 女性的差异理论中的。

由此，我建议考虑并专注于我所称的无意识的主体形式化。

考虑到无意识的形式化结构[1]（还必须明确形式化不是概念化），重新提出一个关于无意识的理论是不可能的，然而，这样的尝试仍然是值得的。因为只有与这些精神分析概念具有同外延的形式化概念和方法才能使我们理解，作为无意识地点的主体结构（这个地点不再是大他者的地点），它是由临床经验中遇到的特征空间所构成的。波罗米结构和莫比乌斯结构的存在变成了理论和认识论的框架，这个框架允许精神分析思想的发展。

在此文本中，形式化的术语[2]本质上构成了精神分析的概念。这一无意识的主体形式化（它出现了但没被提出）使弗洛伊德理解了冲动推力的特征及其空间的展开——当然是部分地，但也是概念化地。这种类型的概念化[3]给精神分析增添了必要的知识。

如果我们承认在精神分析中，形式化概念得以明晰并不是因为数学在精神分析中的应用所带来的，而是通过认识到拓扑对象的精神分析特征，这些形式化概念才能获得一个精神分析的身份，我称之为横向性[4]。因为形式化的产物本身就是无意识的形式，它表达了无意识结构的形式化限定。形式化概念因此从一开始就潜在地适合于对经验的理论化理解，而不需要将精神分析领域再

1　我驳斥这样一个经验主义的观点，即将转移之下的无意识的解释所产生的意义视为精神分析的对象，从而成为科学的还原论。这样的主张将导致错失精神分析研究对象的基础，这个基础与其结构相连，也与那些受限的形式的表达相连。

2　这是我在另一个研究（*Vers une mathématique de l'inconscient*, NEF, 2006）中所阐述的。

3　参见我的论文：*Le Renouveau de la psychanalyse dans l'hypothèse borroméenne*, NEF, 2004。

4　亚里士多德理解数学与科学构成原则之间的关系所用的方法与这个称谓并非毫无联系。这正是他将之定义为第一哲学的东西。

数学化。然而，精神分析科学与主体拓扑学的部分一致需要一个漫长的工作，以使无意识与拓扑概念相联系，使它们成为与直觉相适应的对象。

因此，我们必须抛弃这样一个观点：将精神分析视为人文科学，甚至一个隐喻物理学的理论。弗洛伊德早在 1895 年的《癔症研究》中就批评了布洛伊尔将那些能量概念视作简单的隐喻。精神分析也不是神经科学（Natur Wissenschaft）意义上的一门自然科学，亦不是语言学意义上的一门文化科学，甚至不是像社会学或人类学那样的人文科学。它同样脱离了在美国被误认为的精神分析的心理意识形态。

因此，我在本书中，坚持以下几点：

——精神分析不是"自我心理学"，而是一种无意识的理论。

——它建构的不是一个"客体关系理论"，而是一个"性的理论"，即一个关于应对客体缺失之方式的理论。这正是拉康用客体（a）[1]概念所阐明的。

——作为"性的理论"，它并非根据文化所表达的男-女两性之差异来构建其理论，而是根据无意识[2]之男-女相异性的理论而构建的。

1　参考 Lacan, « Séminaire du 4 juin 1969 », *D'un Autre à l'autre, op. cit*："……客体（a）应该仅仅被理解为被分裂的真相的主体的标记，还是应该像它看起来的那样，被赋予更多的实体性？你们难道没有在这里感到一个在亚里士多德的逻辑中已经起作用的关键点，它导致了关于实体和主体的模糊性。在亚里士多德的著作中始终保留着这种模糊性，尽管这两种功能是不同的，但始终缠绕在一起。"

2　参考 Jean-Gérard Bursztein, *La structure de l'Altérité Homme-Femme*, NEF, 2005，以及 *La structure mœbienne de la bisexualité*, NEF, 2007。

——它并非基于"主体间的心理工作"，而是在本质上寻求主体间的转换。

——它并未制作一个"母–子生物学依恋关系的理论"，而是制作了一个关于主体结构 Σ 传递的理论。

——在这里"性"是冲动和语言的交织。考虑到在"冲动–语言"的运作中"缺在"的影响，弗洛伊德引入了自恋的概念，由此准确地定义了不可缩减为"生物性欲"的精神分析所讨论的性欲。

——精神分析同神经科学和认知科学[1]一样，是基于一种内在的、不可缩减的、不可通约的理论。精神分析考虑到由母亲传递给孩子的语言的表观遗传作用[2]，发展出一个共时网络的理论，即神经元的网络、精神–认知的网络和无意识主体的网络同时出现的理论。

——精神分析科学不是建立在"认知无意识"的一般概念基础上的，而是基于无意识的概念，即"主体不知的知晓"。

——最后，精神分析是一个关于被话语切分的主体的理论，它既不能被缩减为"自我心理学理论"，又不能被简化为"自我的生物理论"。精神分析的主体概念仅仅表示，在两个地点，即意识和无意识之间，结构的不断切分。

---

1 在我的文章中，出现了"精神分析""认知科学""认识论的断裂"，我拒绝某些生物学家的立场，如声称所有心理事件"都来自大脑的工作"的埃里克·坎德尔（《精神病的新知识框架》，载于 1998 年的《美国精神病学杂志》）。我提醒大家弗洛伊德在《精神分析纲要》中的文章《在精神网络和神经元网络之间的一致性和不可通约性》。

2 在这一点上，亨利·阿特兰概念化了他命名为"语言 – 大脑"和"语言 – 思维"之间的差异。参见 *À tort et à raison, intercritique de la science et du mythe*, Seuil, 1986。

13.2 对精神分析与神经科学学科交叉的批判

目前，出现了一些研究，它们使彼此没有关系的精神分析、神经科学和认知科学之间的关系变得更为混淆。这源于同一个认识论本身的错误，即没能理解在精神分析与其他所有科学之间存在一个认识论意义上的划分。这些研究者在不同的名词下假设了一个类似身心合一的笛卡尔理论，在当今被称为精神轨迹和神经元通路的连接。

面对这些理论，我想重申弗洛伊德理论的恰当性并驳斥这样的观点：认为神经科学和认知科学在 21 世纪史无前例的发展，将宣告 19 世纪末诞生的弗洛伊德理论模型的无效性。

弗洛伊德的假设已经消除了从笛卡尔处继承的二元论观点：早在 1938 年，弗洛伊德提出了无意识概念，以便在身体和精神一体性的基础上构想一门新的科学。事实上，精神分析使身体和心灵同一性的论题（如同 17 世纪斯宾诺莎所讨论的）变得更为复杂，这个论题如今被我们称为神经元、精神－认知和主体性的同一性问题。但是，这里的主体性范畴指的是无意识，它涉及一个主体，与认知科学[1]所谈的精神并无关联。

精神分析向我们表明，这样的同一化意味着在方法论研究水平上双重的非关联。因此，其论题一方面是关于神经元、精神－

---

1 相反，精神分析拒绝将之作为一个最终的物质的实体，我们不能在本体论的意义上定性神经元、精神－认知和无意识是同一的。弗洛伊德始终致力于划清与奥斯特瓦尔德关于能量的神秘主义观点的界限。后者将能量作为本体论的现代形式。弗洛伊德则认为，归根结底能量的本质是一个用于计算的 X。

认知和无意识之间同一又非关联的问题；另一方面是关于如今被我们称为精神－认知和无意识之间同一又非关联的问题。与依附于生物学思想体系中的神经科学的期冀相反，我们并没有一个共同的方法可用于同一性研究并进行这三个学科的比较。

因此，这并非要去思考在精神和躯体之间的一个接口或联合。根据我们所提出的观点，即我们所命名的身体是思想的一个结果，它依赖于无意识的结构 Σ；拉康将这个结构定义为三个维度：实在（R）、符号（S）、想象（I）[1]。同样还必须指出对于冲动的一个根本性成见[2]：这个概念并非指精神与躯体之间的接口，而是一个推力与语言的无意识元素的网络之间的联接。这个推力——客体（a）——是透过我们想象的一个主观体验（我们也称其为身体）而被感受到的，而语言的那些无意识元素（一个空间性）即能指。冲动的推力与满足的缺失体验相连，被主体化

[1] 我们举一个口唇冲动的例子：对于新生儿饥饿是怎样在食管的水平上产生了一个内部刺激，这驱使他通过哭闹呼唤他的母亲大他者，以便终止这个痛苦的刺激。生命之初，那里就有了一个将口唇冲动和祈求冲动编织在一起的连接。使孩子的需要得到满足的母亲与她的在场相连，而母亲的在场如以缺失的方式而存在的"物"。自生命之初，皮肤的抚摸、目光、声音和生命必需的照料之间的交织，就使食物，即口唇冲动的客体，变成了建立母子间必要的融合连接的方法。

[2] 这一成见来自对弗洛伊德在《元心理学》的《冲动及其命运》一文中关于冲动概念的定义的不甚全面的阅读："如果我们现在想为用生物学的观点来思考精神生活，那么冲动的概念就是介于精神和身体之间的一个概念（那些关于冲动处于交界面观点的支持者就止步于此，但其实后面才是重点），是刺激的精神代表。这些刺激源自身体内部并作为精神活动需要的量而抵达精神中。由于与身体的连接，这个需要的量是强加至精神中的。"精神分析特有的方式在于去研究这一方式，即作为冲动的一个代表在结构内部展开的方式。1923年，弗洛伊德在《自我与它我》（« Le Moi et le Ça », [1923], in *Essais de psychanalyse*, Paris, Petite Bibliothèque Payot, 1993）一文中，提出了在主体的自我和它我之间的一个拓扑连接。拉康沿用了弗洛伊德的这个思路，并提出无意识是由存在于客体（a），即冲动推力的客体，与结构 Σ 之能指维度的扩展之间的异质性所建构的。

为意识水平上的不快乐。从认识论的角度，关键是要始终在主体因果律的概念内部寻找，而非去寻找一个外部原因。关于精神分析、认知科学和神经科学这三者的同一性和不可公约性的论题，使我们理解了主体的因果律足以转换这一结构，并在生物学身体上产生效应。这个论题也因此部分地阐明了为何药物能对心理产生影响。

相反，接口的问题，各种关于身心合一的理论，在无意识结构的安置中它们都缺少神经元、精神－认知和主体性之间的同一性的点。这个认识论上的错误阻碍了对无意识因果律和语言有效功能的充分认识。

13.3　唯科学主义的精神分析批判

我们当然可以以牺牲科学文化为代价，仅仅从文学和哲学角度去阅读精神分析。在当前这已成为主流趋势。我们也可以用教条且错误的话假设（如同康德那样以一个大教主的方式）："精神分析不是一门科学而是一项实践。"[1]我们甚至可以提出科学本身仅仅是承诺美好未来的一个幻象，为某些人取代了宗教而已。

面对这样一个对精神分析的荒谬解释，我们必须在拉康的贡献中区分出两个方面：一方面涉及科学主义，另一方面涉及科学概念的制作。科学主义涉及的是一个信仰，即认为实在包含着一

---

[1]　参考 Lacan, *conférence au MIT*, décembre 1975。

个内在的知识。批判科学主义并非否定科学概念的有效性，而是要允许探寻科学在精神分析中起作用的方式：对弗洛伊德而言，是以一个稳定的方式；对拉康而言，则似乎是以更悖论性的方式。拉康的工作显示出，他在给予其发现的东西以身份时的犹豫：数学之地形学在所有知识（其中也包括精神分析的知识）的结构化中的深远影响。

所以，我们在此要明确哪些是最小的特征，正是从这些最小特征出发，精神分析科学的概念才具有意义：

（1）精神分析科学的教学带来了传递。

（2）它的实践经验可以复制。

（3）其理论是一个知晓，这一知晓可由每个对这一事物感兴趣的人重新制作。

（4）它确定了无意识冲突带来的痛苦是源于过度的享乐。

（5）它确立了在重复中的这个享乐构成了主体的实在。

（6）这个享乐界定了精神分析的特殊维度。

（7）通过将客体（a）[1]的概念制作为拓扑区域，精神分析科学部分地解释了无意识主体的功能。

精神分析科学如同所有科学那样，是由一系列可修改的假设构成的。这些假设与一个同临床经验有着深切关联的研究项目有

1　参考 Lacan, « De la jouissance », *Encore, op.cit*。在这一研讨班中，拉康通过引出限制享乐的一个材料，即色指，而明确指出享乐如同空间的形式存在于结构中。这就是精神分析唯物论的假设。

关，并支撑在主体生活的内在必要性[1]之上。

（1）第一个假设是关于结构（R、S、I）的。

（2）其次是源自这一结构的一些交叉法则。根据这些法则，幻想的结构被这一结构 Σ 的展开引出——如在神经症的案例中。

（3）第三组假设支撑在初始条件上，即在母–子关系中父性能指存在与否，以及家庭三角关系[2]的建立，这些条件确保了结构的传递。

13.4 丢失的融合客体，"物"和无穷远点

雅克·拉康在"1975 年 5 月 13 日的研讨班"中指出，数学家黎曼概括了 17 世纪德扎格[3]的发现。德扎格已经隐约预见到，任何同源点的无穷远线都是一个圆。

我们也沿用数学家黎曼的观点，认为无穷远线可以表现为一个自身能交叉的结。这个结就是波罗米结。这一结论涉及以下假设：

---

1 这个必要性的范畴指出，实在超出了符号的维度和想象的维度，正是透过这两个维度，我们可以理解主体的结构。

2 家庭三角关系在现实中是由母亲、父亲、孩子和石祖构成的。石祖作为欲望客体，在无意识水平上派生出来的这个三角关系中循环。这些能指强有力地构成了一个邻域，即在主体结构中的一个潜在的空间结构。在这里，结构的三个生成性功能相互作用：S（Ａ）记录了母亲的不完备性，孩子作为客体（a），以及在符号石祖的隐喻下，"父亲的名义"的功能，这个功能吸引孩子走向父亲。

3 事实上，在 17 世纪，笛卡尔、帕斯卡、德扎格和斯宾诺莎就力图建立大他者的符号限度，他们将之视为无穷。对他们而言，整个问题都是要反对教理主义神学家或无神论的虚无主义者。正是关于宗教和数学之间关系的创造，使 17 世纪的哲学相对于古代有了新的形势，并且成为始终充满活力的科学哲学的模型。

——原初客体的丢失，使一个横向–自反性[1]得以产生，在那里
缺失等同于一个无穷远点的存在。

——这个无穷远点在投射空间不停地延展[2]，即在那些自身包
含着切口[3]的结构（莫比乌斯带、波罗米结、十字交叉
帽）中不停地展开，意识和无意识的两极就位于其中。

13.5　一个形式化研究的计划

现在我想这样描述精神分析科学的特点：从 21 世纪开始，
它就被定义为一个整体的而非局部的研究，如同弗洛伊德在 19
世纪对精神分析的"创造 – 发现"时那样。今天，我们不能将概
念研究和对精神分析问题的研究与无意识 – 主体结构中潜在空间
的研究相分离。

随着其关于无意识结构 Σ 的假设的提出，拉康还提出了以
整体研究方法处理精神分析问题和概念的假设，这让他成为弗
洛伊德的继承者。在这个意义上，关于潜在的主体性空间结构

1　正是源于精神分析和数学之间的这个横向 – 自反性假设（hypothèse de transversalité-
réflexivité），拓扑学才被用来思考结构的展开。这里的困难在于理解这个结构的展开的时间
由解构性结构为时间上，它的异质同形。所以，时间应该被理解为在三个空间维度 RSI 的互
逆结构中的一个登录：（1）如同拓扑表面围绕着一个缺失的空，即客体（a）而形成；（2）
像这个表面通过一个自穿透的区域（如莫比乌斯带和克莱因瓶）而与自身的一个相交；（3）
像一个展示，在与自身表面相交的时刻，对揭露隐含着这个切口可能性的拓扑结构的展示。
参考 Lacan, *La topologie et le temps*, 1978-1979, inédit.

2　这个点不断地被展开，因为它同时是一个不存在的点，不能被代表，但我们可以在切口
的形式下制作一个它的想象性展示，例如莫比乌斯带的扭转点的展示或者在波罗米结的表象
空间里上下的展现。

3　Lacan, « L'Étourdit », 1972, in *Autres écrits*, Paris, Seuil, 2001, p. 470："显示了什么？显示了
莫比乌斯带不是别的，而正是这个切口本身：通过其表面的这个切口，莫比乌斯带消失了。"

和结的展开模态的假设都构成了它的基础。不要忘记希尔伯特所举的例子：整个科学——我将精神分析包含在内——要想在其基础的形式化方面向前推进，就必须增强其理论价值的一致性和内在的形式体系的完备性，由此那些构成其特殊经验的客体才能被构想。

参考书目

American psychiatric association
D.S.M. IV., *Manuel diagnostic et statistique des troubles mentaux*, traduction française, Paris, Masson, 2003.

Anzieu Didier
L'Autoanalyse de Freud, Paris, PUF, 1975.

Aristote
L'Éthique à Nicomaque, II,5, traduction et notes par Jean Tricot, Paris, Vrin, 1989.
Métaphysique, Δ, 7, 1072a, 23-27, traduction et index par Jean Tricot Paris, Vrin, 1986.

Atlan Henri
À tort et à raison, intercritique de la science et du mythe, Seuil, 1986.

Bursztein Jean-Gérard
Le renouveau de la psychanalyse dans l'hypothèse borroméenne, NEF, 2004.
Sur la différence entre la psychanalyse et les psychothérapies, NEF, 2004.

Psychose et structure, NEF, 2005.

Vers une mathématique de l'inconscient, NEF, 2006.

Névrose, nœud borroméen et espace de Hilbert, NEF, 2007.

La structure mœbienne de la bisexualité, NEF, 2007.

Canon Michèle

Séminaire de psychanalyse, 2005, inédit.

Châtelet Gilles

Les enjeux du mobile, Paris, Seuil, 1993.

Ferenczi Sandor

Journal clinique, 1932, Paris, Payot, 1985.

Foucault Michel

L'herméneutique du sujet, 1981-1982, Paris, Seuil, 2001.

Freud Sigmund, C. **Bullitt**

Le président T. W. Wilson, 1930-1938, Paris, Payot, 1990.

Freud Sigmund

« Le Projet freudien de 1895 (ϕ, ψ, ω) » ou « Esquisse d'une psychologie scientifique » (1895), in *La Naissance de la psychanalyse*, Paris, PUF, coll. B.P., 3e édition, 1973.

Lettres à Fliess, Manuscrit H du 24 janvier 1895, Paris, PUF, 2006.

« Psychanalyse et théorie de la libido », GW XIII, 220.

Trois essais sur la théorie de la sexualité, (1905), Paris, Gallimard, 1978.

Correspondance entre Freud et Jung, 1906-1909, t. 1, Paris, Gallimard, 1975.

Conférences d'introduction à la psychanalyse, (1915-1917), Paris, Gallimard, 2004.

« Pulsions et destin des pulsions » (1915), *Métapsychologie*, Paris, Gallimard, 1977.

« Une relation entre un symbole et un symptôme » (1916), in *Résultats, idées, problèmes*, PUF, 1984.

« Sur les transpositions de pulsions plus particulièrement dans l'érotisme anal », (1917), *La vie sexuelle*, PUF, 1992.

Introduction à la psychanalyse, (1917), Paris, Payot, 1976.

« Analyse d'une phobie chez un petit garçon de 5 ans », (Le petit Hans), in *Cinq psychanalyses*, Paris, PUF, 1954.

« la perte de réalité dans la névrose et dans la psychose », (1924), *Névrose, psychose et perversion*, Paris, PUF, 1978.

« Deuil et mélancolie », (1915), *Métapsychologie*, Paris, Gallimard, 1977.

« L'inconscient », (1915), *Métapsychologie*, Paris, Gallimard, 1977.

« Le Moi et le ça », 1923, *Œuvres choisies*, t. 18, PUF.

« Malaise dans la civilisation » 1930, in *Œuvres complètes*, Paris, PUF, t. 18.

« La décomposition de la personne psychique », *Nouvelles conférences d'introduction à la psychanalyse*, (1933), Paris, Gallimard, 1986.

Analyse finie, analyse infinie, (1937), section 3, note 1.

Abrégé de psychanalyse, (1938), Paris, PUF, 1978.

Résultats, idées, problèmes,1890-1938, Paris, PUF, tome II, 1985.

Kandel, E. R

A new intellectual framework for psychiatry, American journal of psychiatry, 1998.

Kant Emmanuel

Essai pour introduire en philosophie le concept de grandeur négative, traduction par R. Kempf, Paris, Vrin.

Kohut, Heinz

Analyse et guérison, Paris, PUF, 1991.

Inserm

Psychothérapies, Nouvelles approches, Inserm, 2004.

Lacan, Jacques

Les écrits techniques de Freud, (1953-1954), Paris, Seuil, 1975.

Le Transfert, (1960-1961), paris, Seuil, 1991.

« Leçon du 23 janvier 1963 », in *L'Angoisse*, (1962-1963) Paris, Seuil, 2004.

Les quatre concepts fondamentaux, (1964), Paris, Seuil, 1973.

« Séminaire du 30 mars 1966 », *L'objet de la psychanalyse*, inédit, 1965-1966.

Écrits, Paris, Seuil, 1966.

« séance du 18 juin 1969 », *d'un autre à l'autre*, (1969), Paris, Seuil, 2006.

« Problèmes cruciaux de la psychanalyse », 1964-1965, in *Autres écrits*, Paris, Seuil, 2001.

L'Envers de la psychanalyse, (1969-1970), Paris, Seuil, 1991.

« 26 mars 1969 », *d'un autre à l'autre*, Paris, Seuil, 2006.

« Séminaire du 4 juin 1969 », *D'un Autre à l'autre*, Paris, Seuil, 2006.

« Séminaire du 20 janvier 1971 », in *D'un discours qui ne serait pas du semblant*, inédit.

« Leçon du 17 février 1971 », in *D'un discours qui ne serait pas du semblant*, inédit.

Encore, Paris, Seuil, 1972.

« Séminaire du 19 avril 1972 », in *Ou Pire*, 1971-72, inédit.

« Séminaire du 10 mai 1972 », in *Ou pire...* inédit.

« L'Étourdit », 1972, in *Autres écrits*, Paris, Seuil, 2005.

« La psychiatrie anglaise », *Autres écrits*, Paris, Seuil, 2005.

La Troisième, 1974, Lettre de l'école freudienne n° 16, Paris, novembre 1975.

« Séance du 10 novembre 1975 », in *Le Sinthome*, Paris, Seuil, 2005.

« Leçon du 16 décembre 1975 », in *Le sinthome*, Paris, Seuil, 2005.

Conférence au MIT, décembre 1975.

Laplanche et **Pontalis**

Article « Défense » du *Vocabulaire de la psychanalyse*, Paris, 1967.

Legendre, Pierre

Le crime du caporal Lortie, Paris, Fayard, 1989.

Lou AndreasSalomé

« lettre à Lou Andréas-Salomé du 10 Mars 1919 », *Correspondance avec Sigmund Freud*, Paris, PUF, 1970.

Schur, Max

La Mort dans la vie de Freud, Gallimard, 1975.

Winicott, Donald

La nature humaine, Paris, Gallimard, 2004.

译后记

自从我在 2011 年答应比尔斯坦先生翻译本书以来，至今已经过去了 14 年。2011 年是我进行个人分析的第七载，个人分析在我无意识身体的层面已经展现了它非凡的影响力；而我在巴黎第七大学业已进行了两年对拉康精神分析理论的研究。而今，随着本书的付梓，这一切终于画上句号。不过，比尔斯坦先生与我一起工作的回忆似乎也自动展开了。

2009 年的夏天，比尔斯坦先生第一次到四川大学讲学，我承担了一周的秘书工作。这期间，在每次往返于所住的专家楼和研究生院上课的路上，他都兴致盎然地与我讨论精神分析，并时常因过于投入而停下脚步，由此导致他讲座的延迟。我看到了一个如此热爱精神分析的学者，这极大地震撼了我。在讲学期间，在我陪同他办理行政事务的等待过程中，他都会掏出随身携带的本子，心无旁骛地在上面一遍又一遍地画各种拓扑图形。

几个月后的秋天，我前往巴黎攻读博士学位。在抵达巴黎的第三天，我去他家拜访；那次会见后，我们约定每周抽出一个下午一起工作，讨论精神分析。当时，年轻的我对精神分析的了解主要来自仅有的几年个人分析和硕士期间学习的理论知识，但比尔斯坦先生坚持与我一起讨论，认为我可以给他带来新的思路，这足见先生虚怀若谷。此后，我在巴黎的近七年时间里，我们几乎每周都会进行半天的理论探讨，讨论的主题从精神分析理论到中国哲学思想，从亚里士多德到黑格尔，再到中国道家思想，不一而足。而我自己对中国哲学思想的理解正是我们在此期间精读程艾蓝女士的《中国思想史》后才有了质的变化。

如今看来，那几年同先生一起工作给了我莫大的帮助，让我能更快地适应法国的学习生活，找到比较纯正的拉康精神分析的学习途径。比尔斯坦先生不仅是我忘年交的好友，更是我的良师。

因我自己是理工科出身，思维方式比较偏自然科学的实证主义，因此有关精神分析是否是一门科学的问题，也是我一直在思考的。比尔斯坦先生师从法国当代最著名的数学哲学家、现象学家、认识论专家让-图圣·德桑第（Jean-Toussaint Desanti，1914—2002），对当代科学哲学及认识论有很深的造诣，因而他带给我一个全新的视角去重新认识科学，让精神分析科学在我的知识体系中得以扎根。

纵观精神分析发展的一百多年历史，弗洛伊德一开始就力图让精神分析走在科学的道路上，不论其理论建构还是临床实践均是按照科学的普遍标准进行的。但其后的很多精神分析流派并没有坚持精神分析的科学化道路。后来，拉康所提出的"回到弗洛伊德"，是在多个层面上的回归，其中包括坚持弗洛伊德开创的精神分析科学化的道路。在其精神分析研究的中后期，拉康越来越多地把重点放在精神分析拓扑学上，为精神分析开创了一个全新的科学范式。

当然，从某种意义上说，精神分析尤其是其实践部分又被认为是一门艺术，正是在此意义上，拉康说精神分析是不可传授的。任何过分强调理论的倾向都可能会抹去精神分析的独特性。分析者的话语、分析家的倾听及其每一个特殊的解释都是独一无二的。正因如此，分析家需要不断对其临床经验进行形式化，才能保护其临床的独特性。一切非形式化的辞说，都有冒着将大众导向一个想象维度的风险，而这是我们在当今的网络时代特别需要警惕的。

理论与临床之间的张力，不仅存在于精神分析中，在很多其他学科里也同样存在，并构成了当代诸多学科的核心问题。20 世纪科学哲学领域的研究表明，这场辩论源于科学本身的一个问题，即科学的对象是一种客观实在，还是理论建构的结果？对此问题的不同回答区分出不同的科学家群体。

对于这一问题，精神分析家更多地赞成建构论的观点。如同哲学家诺伍德·罗素·汉森（Norwood Russell Hanson，1924—1967）旗帜鲜明地指出的那样：脱离了理论的科学观察是不可能存在的。记得在巴黎读博的第三年，有一次我们与一位同样是公派留法的工科博士讨论：究竟是因为有一些稀土存在于自然界，然后我们发现了它，还是因为我们有了对稀土的理论知识，进而才有了稀土的存在？这位工科博士始终接受不了理论先行，而现场的另一位语言学博士则更容易接受建构论的思想。

对精神分析来说，"观察充塞着理论"表明，没有理论支持就没有临床观察。相反，最细致入微的观察是基于更完善的理论。从这个意义上讲，要发展和传递精神分析，就必须强调理论研究的重要性。因此，精神分析必须被视为两种实践形式的表达：分析家希望使其知识具有一致性的理论实践和治疗实践。而精神分析的困境在于它既要批评科学主义，反对用自然科学的标准作为对所有学科的要求，又要继续追随科学化的方向，进行理论研究和形式化制作，将自己确立为一门科学。

本书是比尔斯坦先生在该书第 2 版的基础上专门为中国读者修订的最新版，他希望帮助我们理解拉康提出精神分析拓扑学的重要性和必要性，也希望从简单的案例出发，帮助我们理解精神分析形式化的方式。多年来，比尔斯坦先生不断强调，精神分析拓扑学是关于主体的拓扑学，是无意识结构的拓扑学。我们不能将其与数学拓扑学等同，也不能认为数学拓扑学是一个模型，精神分析只是将其简单套用。主体拓扑的研究，需要在临床实践中不断完善、发展，而这需要更多的分析家一起来推动。

最后要说一下本书的翻译，特别是其中涉及的诸多专业词汇。我曾在几年里不断与比尔斯坦先生讨论相关术语，以便找到适合的汉语词汇来表达它们，但正如一个理论的制作需要不断发展完善一样，直至本书最终出版时，我对某些术语的翻译始终不甚满意，那就让这些缺憾推动我们不断前进吧！

图书在版编目(CIP)数据

精神分析科学 ：第 2 版 / （法）让-热拉尔·比尔斯
坦著 ；罗正杰译. --上海 ：上海人民出版社，2025.
3. --（拜德雅·精神分析先锋译丛 / 李新雨主编）.
ISBN 978-7-208-19349-9

Ⅰ. B841

中国国家版本馆 CIP 数据核字第 2025ZQ8748 号

特约策划	拜德雅
责任编辑	赵　伟
特约编辑	邹　荣
封面设计	闷　仔
版式设计	史英男

拜德雅·精神分析先锋译丛

精神分析科学(第 2 版)

[法]让-热拉尔·比尔斯坦 著

罗正杰 译

杨春强 校

出　　版	上海人名出版社
	（201101　上海市闵行区号景路 159 弄 C 座）
发　　行	上海人民出版社发行中心
印　　刷	苏州工业园区美柯乐制版印务有限责任公司
开　　本	889×1194　1/32
印　　张	5.25
字　　数	104,000
版　　次	2025 年 3 月第 1 版
印　　次	2025 年 3 月第 1 次印刷

ISBN 978 - 7 - 208 - 19349 - 9/B·1808

定　　价　　58.00 元